基层供电企业员工岗前培训系列教材

安全技术

河南省电力公司 组编

王世果　主编

李建明　主审

中国电力出版社

CHINA ELECTRIC POWER PRESS

内 容 提 要

　　《基层供电企业员工岗前培训系列教材》是依据《国家电网公司生产技能人员职业能力培训规范》，结合生产实际编写而成的。

　　本套教材共有 14 册，其中 3 册为实训教材。本册为《安全技术》，全书共五个单元，具体内容有：电力安全教育，电气作业安全措施，电气安全用具，安全防护技术，触电伤害与现场急救等。

　　本书可作为基层供电企业新员工、复转军人入职培训用书和生产技能人员提升职业能力的培训用书，也可供电力职业院校教学参考使用。

图书在版编目（CIP）数据

　　安全技术/王世果主编；河南省电力公司组编，—北京：中国电力出版社，2010. 2（2019. 12重印）

　　（基层供电企业员工岗前培训系列教材）

　　ISBN 978-7-5083-9962-1

　　Ⅰ. ① 安... Ⅱ. ① 王... ② 河... Ⅲ. ① 电力工业—安全技术—技术培训—教材 Ⅳ. ① TM08

　　中国版本图书馆CIP数据核字（2010）第001365号

中国电力出版社出版、发行

（北京市东城区北京站西街 19 号　100005　http://www.cepp.sgcc.com.cn）

河北华商印刷有限公司印刷

各地新华书店经售

*

2010年2月第一版　　2019年12月北京第五次印刷

710毫米×980毫米　16开本　14.5印张　270千字

印数8001—9000册　　定价28.00元

前　言

为了增强基层供电企业员工岗前培训的针对性和实效性，进一步提高岗前培训员工的综合素质和岗位适应能力，河南省电力公司组织河南电力工业学校、南阳电力技工学校的教学管理人员及部分教师共同策划、编写了这套基层供电企业员工岗前培训系列教材。该套教材按照电网主要生产岗位的能力素质模型和岗位任职资格标准，实施基于岗位能力的模块培训，提高培训教学的针对性和可操作性，培养具有良好职业素质和熟练操作技能、快速适应岗位要求的中级技能人才。

该套教材针对基层供电企业员工岗前培训的特点，在编写过程中贯彻以下原则：

第一，从岗位需求分析入手，参照国家职业技能标准中级工要求，精选教材内容，切实落实"必须、够用、突出技能"的教学指导思想。

第二，体现以技能训练为主线、相关知识为支撑的编写思路，较好地处理了基础知识与专业知识、理论教学与技能训练之间的关系，有利于帮助学员掌握知识、形成技能、提高能力。

第三，按照教学规律和学员的认知规律，合理编排教材内容，力求内容适当、编排合理新颖、特色鲜明。

第四，突出教材的先进性，结合生产实际，增加新技术、新设备、新材料、新工艺的内容，力求贴近生产实际，缩短培训与企业需要的距离。

本书共五个单元，主要介绍了电力安全教育、电气作业安全措施、电气安全用具、安全防护技术和触电伤害与现场急救等内容。本书由南阳电力技工学校王世果主编，并编写了单元二、三、五，单元一、四由周口供电公司徐其山编写，全书由河南电力工业学校李建明、雷延超、孙建勋审稿，李建明主审。

在本书编写过程中，南阳电力技工学校刘珂给予了大力支持与帮助，南阳电力技工学校张少杰、河南电力工业学校惠自洪进行了具体的组织与指导，在此一并表示感谢。

由于编写时间仓促，水平有限，难免出现疏漏，敬请读者在使用中多提宝贵意见。

编　者

2010 年 1 月

目　录

单元一

电 力 安 全 教 育

课题一　电力安全生产和安全管理

学习目标

1. 了解电力安全生产的重要性和基本方针。

2. 知道电力安全生产的含义。

3. 知道电力安全管理的原则。

知识点

1. 电力安全生产的重要性和基本方针。

2. 电力安全生产的含义。

3. 电力安全管理的原则。

技能点

宣传电力安全生产的重要意义。

学习内容

安全生产是企业永恒的主题，是一切工作的基础。安全生产工作事关广大人民群众的根本利益，事关改革发展和稳定大局，一直受到党和国家的高度重视。对于电力企业来说，安全生产是一切工作的重中之重。电力企业涉及各行各业、千家万户，不仅关系到个人的安全，也关系到他人的安全。电力企业安全工作如何贯彻电力安全方针，如何保证安全管理措施到位，如何完善安全生产管理规章制度并有效实施，如何将安全工作重点放在一线，是当前电力员工学习掌握的重点。

一、电力安全生产的含义

在电力生产中，安全有以下三方面含义。

（1）确保人身安全，杜绝人身伤亡事故；

（2）确保设备安全，保证设备正常可靠运行；

（3）确保电网安全，消灭电网瓦解和大面积停电事故。

这三方面是电力企业安全生产的有机组成部分，互不可分，缺一不可。

二、电力安全生产的基本方针和重要性

"安全第一，预防为主"是电力生产和建设的基本方针。电力安全生产的重要性是由电力生产、建设的客观规律和生产过程中的特殊性及社会作用所决定的，主要体现在以下几个方面。

1. 电力安全生产是国民经济发展的需要

电力工业是国民经济的基础产业，在国家经济发展中占有极其重要的地位，人类社会一时一刻也离不开电力供应。而电力生产事故对社会可能会造成不可估量的灾难。大电网事故的灾难性后果在国外已有很多事例：1996 年美国、马来西亚、新西兰相继发生大停电事故，造成的损失难以估量；2003 年 8 月 14 日，美国东北部和加拿大又发生了联合电网的停电事故，从事故的开始到发展成大面积停电事故，历时 65 分钟。据统计，该次事故中美国和加拿大的 100 多座电厂跳闸，其中包括 22 座核电站，损失负荷 6180 万 kW，严重影响到美国 6 个州和加拿大 2 个省的电力供应，城市地铁、机场、电信等设施和公共交通基本陷入瘫痪，约 5000 万居民无电可用。据美国经济学家估计，大面积停电所造成的经济损失每天可达 300 亿美元。

2. 电力安全生产是电力企业自身的需要

"人民电业为人民"是社会主义电力企业的根本宗旨，安全生产是实现行风建设和优质服务的基础，是党和国家赋予电力企业的责任和使命。如果安全生产搞不好，供电可靠性就没有保证，服务承诺、企业形象也无从谈起。

企业要生存、发展，必然要讲经济效益，安全生产是实现企业效益的基础。发生电力生产事故必然减少对外供电，增加各种费用支出，其结果造成企业成本上升、效益下降，同时职工的生命和健康也不能得到保证。因此，搞好安全生产是电力企业获取最大经济效益、维护职工根本利益、实现企业稳定的基础。

物质文明和精神文明是电力企业建设的重要组成部分，安全生产为电力企业物质文明奠定基础，精神文明为安全工作提供强有力的保障。同时，安全生产既对电力企业的物质文明建设提出强烈的要求，又为物质文明建设提供更高层次的保证，搞好安全生产是促进企业全面管理上台阶的需要，也可以说安全生产水平是电力企业整体管理水平的缩影。

3. 电力生产自身的特点体现了安全生产的重要性

电力生产过程有其特殊的客观规律。众所周知，随着科技发展、技术进步，电力工业已进入"大机组、高参数、大电网、高电压、高智能"为主要特点的新阶段，全国电力西电东送、南北互供、全国互联的大电网正在逐步形成，由发、输、变、配生产环节组成的电力网，构成了一个十分庞大、复杂的电力生产、流通、分配、消费过程。在这个过程中，发、供、用电同步进行，电力的生产、输送、使用

过程始终处于互相牵连、互相制约的平衡状态。任何一个环节发生事故，如果不能及时控制、消除，都可能带来连锁反应，导致设备损坏或大面积停电，甚至可能造成电网崩溃的灾难性事故。

4. 电力劳动作业的复杂性体现了安全生产的重要性

电力生产的劳动作业环境具有以下明显的特点：

（1）高低压电气设备多；

（2）特种设备多；

（3）带电、高空、高压、焊接、起重、爆破、压接等特种作业多；

（4）部分停电作业、各专业交叉施工、野外作业、零点作业、事故抢修等情况下造成的复杂作业环境。

这些生产特点表明，电力生产的劳动条件和环境相当复杂，生产作业潜伏着许多危险因素，稍有疏忽，危险因素就随时会转化成人身、电网或设备事故。必须从保障电力职工的人身安全和身体健康、保障国家财产不受损失的高度进一步认识电力生产的重要意义。

三、电力安全生产的管理原则

安全生产是我国的一项基本国策，长期以来，我国颁发了一系列有关安全生产的法律、法规。2002 年 11 月 1 日《中华人民共和国安全生产法》正式实施，是安全生产法制化建设的里程碑，是我国加入 WTO 后适应国际经济秩序的需要，也标志着我国安全生产工作进入到了一个新阶段。为保证"安全第一，预防为主"原则有效地贯彻执行，应该做到以下几点。

1. "管生产必须管安全"原则

安全与生产是有机统一的关系，安全为了生产，生产必须安全，在生产工作中必须做到"五同时"，即在计划、布置、检查、总结、考核生产工作的同时，计划、布置、检查、总结、考核安全工作。

2. "保人身、保电网、保设备"原则

"保人身、保电网、保设备"的安全生产原则，确立了在安全工作中把保护人身安全放在第一位的指导思想，是正确处理安全与改革和发展、安全与经济效益、安全与进度关系必须遵循的原则，是在人的生命高于一切的前提下，整体利益与局部利益发生冲突时，降低经济损失、牺牲局部利益、保护整体利益的指导方针。

3. "四不放过"原则

为减少事故的重复发生，发生事故后应立即组织调查分析，调查分析事故必须实事求是，尊重科学，严肃认真，做到"四不放过"，即：事故原因不清不放过；事故责任者和应受教育者没有受到教育不放过；没有采取防范措施不放过；事故责任者没有受到处罚不放过。

4."全过程管理"原则

安全管理要坚持全过程的管理原则，从规划、设计、安装、调试到生产运行的每个环节，都必须坚持"安全第一，预防为主"的指导方针，落实安全质量责任制，全面加强安全质量管理，实现全过程安全控制。

5."安全生产，人人有责"原则

安全生产不仅是安全管理部门的责任，党、政、工、团各部门在各自的工作范围内，均应按照责任制的要求，围绕统一部署，发挥各自的积极性和工作优势，充分发动群众，共同搞好安全工作。

6."以人为本，技术进步"原则

高度重视人的因素和技术进步在安全工作中的重要作用，提高职工队伍的安全意识和安全技能，推广应用新工艺、新技术、新装备，切实把安全生产建立在劳动者素质的提高和科技进步的基础之上。

7."三级控制"原则

安全生产要从宏观上着眼，从微观上入手，把杜绝和控制对人身、电网和设备构成重大威胁的事故的宏观控制目标，与班组控制异常和未遂、车间（分局工区、工地）控制障碍和轻伤、全局（公司）控制重伤和事故，有机地结合起来，从班组这个企业细胞抓起，层层负责，层层落实，实现电力生产企业制定的安全工作目标。

四、树立电力安全工作的正确信念

安全工作是一门科学，从科学实践角度看，必须树立以下安全生产观念。

1.绝大多数事故都是可以预防的

许多事故，往往是由于我们对事故隐患没有正确的认识和对待，或者对隐患没有采取有效的对策和措施而发生的，这方面有许多血的教训。事故的发生有其自身的规律性，人们只要按照科学规律，认真对待，采取有效措施，消除事故隐患，就一定能够控制和预防绝大多数事故的发生。

2.绝大多数暴露的问题都是可以控制的

长期以来，电力行业坚持不懈地开展了反事故斗争，通过不断地探索和完善，制定了较完整的反事故措施，如原国家电力公司颁发的《防止电力生产重大事故的二十五项重点要求》等，对治理隐患、减少事故发生取得了良好的效果。只要不断研究电力生产中出现的新问题，采取新措施，就一定能消除电力生产过程中出现的绝大多数不安全因素。

3.牢固树立"以人为本"管理理念

事故的发生，往往是由多种因素促成的，但无不存在着人的因素。这种人的因素可能体现在设计、制造、安装的过程，也可能体现在运行、维护、操作的过程，可能是政治思想素质差、责任心不强、安全意识淡薄的原因，也可能是业务素质差、工作能力低的原因。因此，消灭或减少事故，必须牢固树立"以人为本"的管理理念，认真落实各级人员安全生产岗位责任，强化职工技能培训和安全教育，深入开展反习惯性违章活动，提高职工队伍的整体素质。

4. 注重安全生产管理的人、机协调统一

在生产过程中发生的事故，不外乎外因和内因两方面。外因包括环境条件、设备设施状况、安全技术措施、防护用品、安全工器具等；内因包括人员的技术、心理活动和精神状态等。虽然生产的环境条件得到改善，机器设备更加合理、先进，工作变得更舒适、方便、有效，可以减少差错和事故，但实践告诉人们，外因只有通过内因才能起作用，外因不能根本预防和消除事故。例如，在同一个厂、同一个车间和班组里，做同样的工作，即使环境条件、机器设备、措施、工器具均相同，即使技术等级、熟练程度也相同，有人多年不出差错，有人却常出事故，或出严重事故。这是什么原因呢？这就得从内因，特别是个人的工作态度、责任心和工作情绪等心理活动、思想行为等方面去找原因。因此，要搞好安全生产，必须高度重视人、机匹配，使两者协调统一。

总之，电力企业的安全管理工作涉及各个方面，涉及每个部门、每个职工，一个单位的安全生产管理水平是综合管理水平的体现。很难设想在一个安全生产差、事故隐患多、劳动条件差的企业里，职工能有高的、持久的生产积极性和高的劳动生产率，企业能够持久安全稳定生产。

思考与练习

一、填空题

1. _____是电力生产和建设的基本方针。

2. "四不放过"的原则是指_____、_____、_____、_____。

3. "三级控制"的原则是指_____、_____、_____。

二、判断题

1. "人民电业为人民"是社会主义电力企业的根本宗旨。　　　　（　　　）

2. 电力安全生产的含义是指确保人身安全。　　　　　　　　　（　　　）

三、简答题

1. 电力安全生产的含义是什么？

2. 电力安全生产的重要性主要体现在哪几个方面？

3. 电力生产的劳动作业环境具有哪些特点？

4. 电力安全生产的管理原则有哪些？

5. 电力职工必须树立哪些电力安全工作的正确信念？

课题二　班组安全管理

学习目标

1. 了解班组的任务。

2. 知道班组长岗位的安全职责。

3. 了解班组安全教育的内容。

4. 了解加强班组安全管理的意义。

知识点

1. 班组的任务。

2. 班组长的安全职责。

3. 加强班组安全管理的意义。

技能点

协助完成好班组的各项任务。

学习内容

一、班组的任务

电力系统是自动化程度较高的高科技、现代化行业，企业科学的分工协作、现代化的管理、高素质的人才组成了一个个工作班组，保证了电力系统安全稳定运行，满足了国民经济发展的需要，是电力企业取得效益和发展再生产的基本单元。

电力企业的班组是按本企业的特点，依据工作性质、劳动分工与协作的需要，划分出的基本作业单位。它由同工种，或性质相近、配套协作的职工组成。供电企业的生产过程包括基本生产过程（如输、变、配电等）、辅助生产过程和生产服务过程（如供应、运输、售后服务等）。为确保供电企业基本生产过程的正常运作，供电企业的班组应包括生产班组（如运行、检修、试验、安装等），辅助生产班组（如修配等）和后勤班组（如仓库、材料等）。电力企业各项工作任务的执行、落实都是在班组，任务是很繁重的。它不仅要确保在电力生产工作中安全、文明生产和优质服务，而且还要努力提高经济效益，完成生产任务。其主要任务有以下几项：

（1）认真贯彻"安全第一，预防为主"的方针；严格执行劳动安全法规和各项规程制度，实施目标管理，安全地完成各项生产任务。

（2）加强班组管理。建立健全各项管理制度，岗位责任制落实，组织管理好各种安全工器具。做到工作有标准，完善班组台账，原始记录完整，图纸、资料符合实际、齐全。

（3）开展班组培训工作。根据培训计划组织班组人员开展技术业务培训，开展岗位技术练兵活动，熟练掌握本岗位应知应会，鼓励自学成才。搞好安全活动，规范职工思想行为，促进班组成员综合素质的提高。

（4）学习推广新技术，围绕生产开展合理化建议和技术革新活动。班组应结合生产实际推广新技术，开展合理化建议活动，促进班组劳动生产率的提高。

（5）实行班组民主管理，搞好修旧利废，厉行节约，加强物资消耗定额管理，搞好班组经济核算。

班组是企业的细胞，是企业生产活动的阵地。其基本特征为生产型，是企业的基础，既是企业分级管理不可缺少的最基础单位，又是整个生产流程中不可缺少的环节。

二、班组长的安全职责和安全生产管理

1. 班组长的安全职责

班组长是班组生产的直接指挥者，是班组安全生产工作第一责任人。班组长的安全职责主要是组织、发动班组每个成员认真学习、贯彻、执行上级颁布的有关安全生产指令和规定，更重要的是要以身作则，起模范带头作用，在整个生产过程中严格执行各项规章制度，不违章、不违纪，抓好班组安全管理工作。

依据国家电网安监［2005］513号《国家电网公司安全生产职责规范（试行）》，班组长的安全职责有以下几项内容：

（1）班组长是本班组的安全第一责任人，对本班组人员在生产劳动过程中的安全和健康负责，对所管辖设备的安全运行负责。

（2）负责制订和组织实施控制异常和事故的安全措施，按设备系统（施工程序）进行安全技术分析预测，做到及时发现异常和问题，并进行安全控制。

（3）负责认真贯彻执行安全规程制度，及时制止违章违纪行为，及时学习事故通报，吸取教训，采取措施，防止同类事故重复发生。

（4）主持召开好班前、班后会（上班前做到任务、分工、措施和注意事项，交代清楚，做好事故预想，使安全工作落实到人；下班后总结工作，找出经验教训，对严重违犯劳动纪律和忽视安全违章作业的不良现象进行严肃批评）和每周一次或每个轮值的班组安全日活动，并作好安全活动记录。

（5）负责和督促工作负责人做好每项工作任务（如倒闸操作、检修、施工、试验等）事先的技术交底和安全措施交底工作，并作好记录。

（6）做好岗位安全技术培训，新入厂、局（公司）工人的第三级安全教育和全班人员（包括临时工）经常性的安全思想教育；积极组织班组人员参加"心肺复苏法"急救培训，做到人人能进行现场急救。

（7）开展好本班组的定期安全检查活动，做好"安全生产月"活动和专项安全检查活动，落实上级下达的各项反事故措施。

（8）经常检查本班组工作场所（每天不少于一次）的工作环境、安全设施、设备工器具的安全状况。对发现的隐患做到及时登记上报，本班组能处理的应及时处理。对本班组人员正确使用劳动防护用品进行监督检查。

（9）支持班组安全员履行自己的职责。对本班组发生的事故、障碍、异常，要及时登记上报，保护好事故现场，并组织分析原因，总结教训，落实改进措施。

（10）在日常生产工作中，组织实行标准化作业。

2. 班组长安全生产管理

（1）班组长应具备良好的素质和工作作风。

由于班组是企业组织生产活动的基本作业单元，是企业管理和安全生产管理的基础，是一切工作的落脚点和创造财富的最基层组织，又是培养和锻炼职工队伍的阵地，这就决定了班组长的基本职责、任务。因此，班组长应该具备责任心强、技术熟练、作风正派、能团结班组成员等基本素质。

1）要有强烈的事业心和责任感；

2）要以身作则，起模范带头作用；

3）能坚持原则，敢于负责；

4）业务素质精湛，技术过硬；

5）关心职工生活，维护职工利益；

6）要有高度的安全意识和较强的管理能力；

7）要善于营造浓厚的班组安全文化氛围。

（2）班组长职责之一就是确保本班组安全生产。

电力企业的班组，是企业职工生产活动的阵地，是执行各项规程制度和安全规程的主体，是学习、交流、提高新技术的场所，是班组长广纳建议、采取措施、实现年安全生产目标最活跃的基本单位。

班组应根据专业性质和近年来的安全管理基础、人员素质、设备状况等，在每年年初拟订出班组安全目标，并交全体成员讨论后合理地分解、落实到每个成员。目标要明确、具体，如无异常、无未遂、无误操作、无违章、两票合格率达100%等。在全年的生产过程中，采取有效的控制措施，以确保全年安全目标的实现。

三、班组的安全教育

班组安全管理的重要内容之一，就是要抓好安全教育。国家颁布的《劳动法》、《安全生产法》和《职业病防治法》中都明确要求，企业应向职工进行"作业时作业环境"、"设备状况"、"危险区域"和本专业的特点等知识教育。换句话说，企业有责任、有义务向职工宣教法律文件及职工应知的安全生产与工业卫生的基本情况。

从原国家电力公司下发的《安全生产情况通报》、《电力事故快报》和《电力安全简报》中，对304例比较典型的人身和设备事故进行统计、分析，发现：因外力造成的事故占4.1%，业务技术精但缺乏安全知识引发的事故的占10.3%，综合素质差（技术、安全素质均差）引发的事故占17.3%，而因工作责任心差发生的事故占66.3%，无票作业、违章指挥、没有严格执行规程等其他因素占2.1%。可见，即使业务技术精但缺乏安全知识，在作业中还是会造成事故，故提高部分职工的业务技术和安全素质是班组安全教育的重要环节。工作负责人应学习防触电、防高处坠落、防机械伤害等安全知识和安全技术，不断调整采纳新的工作管理方法，在电力企业生产中就会发挥新的作用，大大提高工作效率，减少事故的发生。

1. 安全思想教育

班组成员作为现场安全生产的直接责任者，应该严格遵守劳动纪律、调度纪律、工艺标准、《电力安全工作规定》和现场规章制度，保证检修（施工）作业和运行值班质量，自己不违章作业，做到"三不伤害"（不伤害自己，不伤害他人，不被他人伤害），发现他人违章作业应及时指出和制止。

安全思想教育的核心就是强调"责任心"，要让每个职工时刻意识到自己是企业的一员。由于自己的一个不负责、不安全行为可能给国家、社会带来恶果，对企业、对班组带来恶果，对自己和家庭带来恶果。所以班组要以规章制度、法律和职业道德为内容，以"安全第一，预防为主"为主线，不断地分层次，对职工进行安全思想教育，提高职工的安全意识。

【案例1-1】 反复提醒，发现事故隐患，避免事故发生

某天，某发电厂电气分厂2212线路TA改变比、保护改定值工作结束后，省局调度命令：进行2212线路送电操作。按常规，运行班即可按命令操作。但运行四班运行人员和值长张某头脑中多了根安全弦，合闸前，他们再次与调度联系并提醒对方："对方接地开关是否断开？"意外的是，对方接地开关尚未断开，张某立即通知四班班长和其他操作人员停止操作，避免了一场恶习性事故。

2. 安全知识教育

【案例1-2】 主变压器油污着火，引发事故

［事故经过］

某变电所检修班长在现场检修时，忽然发现66kV现场3号主变压器着火，立即派人向工区负责人汇报。并与三名检修人员一起赶到现场，此时3号主变压器10号散热管积附的油泥全部着火，火一直烧到上部，散热器油门密封胶垫也着起

火来，已危及零相套管。工区负责人赶到现场时，火苗已高出大盖，大盖的密封胶圈及大盖上的油污有燃烧的危险。该负责人当即命令值长断开电源，3号主变压器停运，及时采取灭火措施，防止了事故扩大。

[事故原因及暴露问题]

这次事故的原因是安全知识没有在职工头脑中扎根，维护工作不到位，使得风扇电机引线年久失修，受油侵蚀，引线绝缘老化，造成相间短路。

[防范措施]

其防范措施是：①加强老旧设备的维护，对风扇系统进行大修或更换；②用高压水枪定期对变压器油污进行冲洗。

由此可见，安全基础知识教育（如防火防爆知识、防机械伤害知识、焊接作业安全知识、登高作业及其他危险作业等安全知识教育）是十分必要的。

3. 安全技术教育

一般安全技术知识是职工必须具备的、最基本的安全知识，掌握应知应会的安全技术，如从事电气专业人员应该熟悉工作人员正常活动范围与带电设备的安全距离，熟知不同电压等级的线路与地面、建筑物之间的安全距离等知识。

除掌握以上电力基础知识外，还要不断地学习相关的安全技术，各个工种的专业安全技术、现代化管理模式等。

四、加强班组管理的现实意义

近几年来，电力工业发展迅速，电网容量不断扩大，大机组、超高压输电、高新技术、高自动化设备的大量应用，锻炼造就了一大批管理和工程技术人才，同时出现了少部分班组和人员跟不上科学技术快速发展的步伐，新的设备和作业场所也出现了新的不安全因素。所以加强班组管理、提高管理水平是时代发展的要求，具有现实意义。

1. 使作业人员牢固树立安全生产观念

电力企业的一切生产任务都落实在班组，由班组长管理组织，指挥班组成员去完成。其实，相当一部分工作是由工作负责人指挥作业成员在作业场所去落实每一项任务，因此作业场所同时也是发生事故的场所，尤其是环境复杂、新危险因素的出现，给作业带来难度。这就是客观事物发生的规律：出现新问题——采取新措施——又出现新问题——再采取新的措施消除，周而复始。

从科学实践角度看，面对电力系统的客观规律，班组里每个成员在心中都应牢固树立安全生产观念：

（1）只要有生产和作业，事故和不安全因素也就会相伴出现。

（2）除了人力不可抗拒因素外（自然），一切事故都是可以避免的，所暴露出的问题都是可以控制的。

（3）安全是每一项工作的一个组成部分。

（4）企业的每一个工作人员都应承担具体的安全责任。

2. 提高作业人员安全素质

电力企业里班组成员素质的高低，在很大程度上决定着企业里各项任务完成得是否扎实，也可以说决定着企业的经济效益。所以，企业的各项任务决定着要加强班组管理，使班组成员具备如下安全素质：

（1）熟知安全生产责任制、区域责任制、工艺质量标准，熟知安全工器具原理、性能和劳动防护用品的防护原理、性能，并能正确使用和佩戴，达到《电力安全工作规定》规定的要求，掌握所从事作业的安全注意事项，具有紧急情况下自保和互保能力。

（2）熟知防止高处坠落的规定，在高处作业中应自始至终具有保持自身行为安全的意识。

（3）在电力系统中从事电气作业，应熟知防止触电的组织和技术措施，不但自己要远离习惯性违章，而且还要制止他人习惯性违章。

（4）机械作业在电力系统也是一种常见的作业，从事机械作业的人员应掌握预防机械伤害、物体打击事故的技能。

（5）特种作业人员应主动地按规定参加培训，并经考试合格，做到持证上岗。

（6）工作负责人（监护人）是作业现场的组织指挥者，是第一安全责任人，应具有很强地履行《电力安全工作规定》中所规定的安全职责的能力。

3. 提高成员作业行为安全规范化

电力企业一贯坚持在电力生产过程中，采取切实有效的管理和技术措施，消除作业中不安全因素，使作业人员有一个安全、卫生、整洁文明的作业环境，保护其安全与健康，并能顺利完成任务，从而促进企业经济效益不断提高。

参加作业的人员都懂得，作业安全措施应符合实际，每个人员应有较强的安全意识，其作业行为符合《电力安全工作规定》要求的标准规范化，否则也是诱发事故的因素。因此要求每个作业人员做到：

（1）班组进行分组作业时，明确指定负责人后，工作负责人应担起《电力安全工作规定》所赋予的职责，投入到组织、指挥者的角色，担负起落实安全措施和执行任务的责任，直至完成任务。

（2）为了确保作业安全，每个作业成员必须听从工作负责人的命令、指挥。

（3）参加作业人员有权互相监督，杜绝一切习惯性违章行为。

（4）严格执行作业规范化流程。

? 思考与练习

一、填空题

1. _____是按本企业的特点，依据工作性质、劳动分工与协作的需要，划分出的基本作业单位。

2. 安全思想教育的核心就是_____，要让每个职工时刻意识到自己是企业的一员。

二、简答题

1. 电力企业班组的任务主要有哪些？

2. 班（组）长的职责有哪些？

3. 班（组）长的安全管理包括哪些方面的内容？

4. 班组应从哪些方面进行安全教育？

5. 加强班组管理具有哪些现实意义？

课题三　电力安全事故

学习目标

1. 能说明电力事故和障碍的分类。

2. 知道发生事故的主要原因。

3. 知道电力生产应防止的重大事故。

知识点

1. 电力事故和障碍的分类。

2. 电力生产应防止的重大事故。

技能点

1. 会正确区分电力事故和障碍。

2. 能主动预防事故的发生。

学习内容

一、电力事故的分类

电力生产事故可分为人身事故、电网事故、设备事故三大类。

（一）人身事故

1. 电力生产人身事故

发生以下情形之一的人身伤亡，为电力生产人身事故：

（1）员工从事电力生产有关工作过程中，发生人身伤亡（含生产性急性中毒造成的人身伤亡，下同）的。

电力生产有关工作过程中发生的人身伤亡包括工作过程中违反劳动纪律而发生的人身伤亡。

生产性急性中毒系指生产性毒物中毒。食物中毒和职业病不属于电力生产人身事故。

员工在工作过程中因病导致伤亡，经县以上医院诊断和安全生产监督管理部门调查，确认是员工本人疾病造成的，不按电力生产人身事故统计。

（2）员工从事电力生产有关工作过程中，发生本单位负有同等及以上责任的交通事故，造成人身伤亡的。

员工（含司机及乘车员工）从事电力生产有关工作中，发生由公安机关调查处理的道路交通事故，且在《道路交通事故责任认定书》中判定本方负有"同等责任"、"主要责任"或"全部责任"，且造成本单位员工伤亡的，作为电力生产事故。

电力生产区域内发生机动车辆在行驶中发生挤压、坠落、撞车或倾覆，行驶时人员上、下车，发生车辆跑车等造成的本单位员工伤亡事故，本方负有"同等责任"、"主要责任"或"全部责任"，应作为电力生产事故统计上报，并向当地安全生产监督管理部门上报，事故类别为"车辆伤害"。

（3）在电力生产区域内，外单位人员从事电力生产有关工作过程中，发生本单位负有责任的人身伤亡的。

2. 人身事故等级划分

（1）特大人身伤亡事故。一次死亡10人及以上的事故。

（2）重大人身伤亡事故。一次死亡3～9人的事故。

（3）一般人身伤亡事故。一次死亡1～2人（包括多人事故时的轻伤和重伤）的事故。

（4）重、轻伤事故。未发生人员死亡的人身事故。

（二）电网事故

1. 特大电网事故

电网发生有下列情形之一的大面积停电，为特大电网事故。

（1）省电网或跨省电网减供负荷达到表1-1所示数值之一者属特大电网事故。

电网负荷是指电力调度机构统一调度的电网在事故发生前的负荷。电网减供负荷波及多个省级电网时，其电网负

表1-1　　　　特　大　电　网　事　故

电网负荷	减供负荷
20000MW 及以上	20%
10000～20000MW	30%或4000MW
5000～10000MW	40%或3000MW
1000～5000MW	50%或2000MW

荷按照跨省电网事故前全网负荷计算。减供负荷的计算范围与计算电网负荷时的范围相同。

（2）省和自治区人民政府所在地城市以及其他大城市减供负荷 80% 及以上的。

城市的减供负荷是指市区范围的减供负荷，不包括市管辖的县或者县级市。

2. 重大电网事故

未构成特大电网事故，符合下列条件之一者，定为重大电网事故。

（1）省电网或跨省电网减供负荷达到表 1-2 所示数值之一者属重大电网事故。

（2）省和自治区人民政府所在地城市以及其他大城市减供负荷 40% 及以上的。

（3）中等城市减供负荷 60% 及以上的。

（4）小城市减供负荷 80% 及以上的。

大城市是指市区和近郊区非农业人口五十万以上的城市；中等城市是指市区和近郊区非农业人口二十万以上、不满五十万的城市。小城市是指市区和近郊区非农业人口不满二十万的城市。

3. 一般电网事故

未构成特、重大电网事故，符合下列条件之一者，为一般电网事故。

（1）110kV 及以上省级电网或者跨省电网非正常解列，并造成全网减供负荷达到如表 1-3 所示数值之一者属一般电网事故。

表 1-2	重大电网事故
电网负荷	减供负荷
20000MW 及以上	8%
10000～20000MW	10% 或 1600MW
5000～10000MW	15% 或 1000MW
1000～5000MW	20% 或 750MW
1000MW 以下	40% 或 200MW

表 1-3	一般电网事故
电网负荷	减供负荷
20000MW 及以上	4%
10000～20000MW	5% 或 800MW
5000～10000MW	8% 或 500MW
1000～5000MW	10% 或 400MW
1000MW 以下	20% 或 100MW

电网非正常解列包括自动解列、继电保护及安全自动装置动作解列。

（2）变电站 220kV 及以上任一电压等级母线被迫全部停止运行。

被迫停止运行是指设备未经调度批准而停止运行的状态，或者不能按规定立即投入运行的状态。

（3）电网电能质量降低，造成下列情形之一的：

1）装机容量 3000MW 及以上的电网，频率偏差超出 50 ± 0.2Hz，且延续时间 30min 以上；或者频率偏差超出 50 ± 0.5Hz，且延续时间 15min 以上。

2）装机容量不满 3000MW 的电网，频率偏差超出 50 ± 0.5Hz，且延续时间 30min 以上；或者频率偏差超出 50 ± 1Hz，且延续时间 15min 以上。

3）电压监视控制点电压偏差超出电力调度规定的电压曲线值±5%，且延续时间超过2h；或者电压偏差超出电力调度规定的电压曲线值±10%，且延续时间超过1h。

（三）设备损坏事故

1. 特大设备事故

符合下列情形之一者为特大设备事故。

（1）生产单位一次事故造成设备、设施、施工机械、运输工具损坏，直接经济损失人民币达1000万元者。

直接经济损失包括更换的备品配件、材料、人工和运输所发生的费用。如设备损坏不能再修复，则按同类型设备重置金额计算损失费用。保险公司赔偿费和设备残值不能冲减直接经济损失费用。

（2）电力生产设备、厂区建筑发生火灾，直接经济损失达到100万元者。

电气设备发生电弧起火引燃绝缘（包括绝缘油）、油系统（不包括油罐）、制粉系统损坏起火等，上述情况企业内部定为设备事故。如果失火殃及其他设备、物资、建（构）筑物时，则定为电力生产火灾事故。

2. 重大设备事故

未构成特大设备事故，符合下列条件之一者为重大设备事故。

（1）装机容量400MW及以上的发电厂，一次事故造成2台及以上机组非计划停运，并造成全厂对外停电。

一次事故使2台及以上机组非计划停运，包括1台机组非计划停运后，由于处理不当使其他机组也相继非计划停止运行。

全厂对外停电是指发电厂对外有功负荷降到零。虽电网经发电厂母线转送的负荷没有停止，仍视为全厂对外停电。

（2）生产单位一次事故造成设备、设施、施工机械、运输工具损坏，直接经济损失人民币500万元及以上但不满1000万元。

（3）电力生产设备、厂区建筑发生火灾，直接经济损失达到30万元。

3. A类一般设备事故

未构成特、重大设备事故，符合下列条件之一者，为A类一般设备事故。

（1）电网35kV及以上输变电设备被迫停止运行，并造成对用户中断供电。

对用户中断供电不包括有计划地安排用户停电、限电、调整负荷。

线路自动重合闸重合成功或线路、母线备自投动作，恢复对用户供电的，不算对用户中断供电。

（2）发电厂2台及以上机组非计划停运，并造成全厂对外停电。

（3）发电厂升压站110kV及以上任一电压等级母线被迫全部停止运行。

（4）发电厂 200MW 及以上机组被迫停止运行，时间超过 24h。

（5）水电厂由于水工设备、水工建筑损坏或者其他原因，造成水库不能正常蓄水、泄洪或者其他损坏。

（6）生产单位一次事故造成设备、设施、施工机械、运输工具损坏，直接经济损失人民币 50 万元及以上但不满 500 万元。

4．B 类一般设备事故

未构成特、重大设备事故，符合下列条件之一者，为 B 类一般设备事故。

（1）3kV 及以上发电设备、6kV 及以上输变电设备发生下列恶性电气误操作：

1）带负荷误拉（合）隔离开关。

2）带电挂（合）接地线（接地开关）。

3）带接地线（接地开关）合开关（隔离开关）。

（2）50MW 及以上发电机组、35kV 及以上输变电主设备因以下人为原因被迫停止运行：

1）一般电气误操作。误（漏）拉合开关、误（漏）投或停继电保护及安全自动装置（包括压板）、误设置继电保护及安全自动装置定值。

下达错误调度命令、错误安排运行方式、错误下达继电保护及安全自动装置定值或错误下达其投、停命令。

2）人员误动、误碰设备。

3）热机误操作。误停机组、误（漏）开（关）阀门（挡板）、误（漏）投（停）辅机等。

4）小动物碰触户内设备。

5）继电保护及安全自动装置的人员误（漏）接线。

6）继电保护及安全自动装置的定值计算、调试错误。

7）监控过失。人员未认真监视、控制、调整等。

二、障碍

障碍系指电力生产过程中发生未构成事故的故障。障碍分为一类障碍和二类障碍。

（一）一类障碍

1．电网一类障碍

未构成事故，符合下列条件之一者，为电网一类障碍。

（1）110kV 及以上电网非正常解列。

（2）220kV 及以上电网发生低频振荡持续时间超过 3min。

（3）变电站 220kV 及以上电压等级任一段母线被迫停止运行。

（4）电网电能质量降低，将造成下列后果。

1）频率偏差超出数值。装机容量在 3000MW 及以上电网频率偏差超出 50±0.2Hz，且延续时间 20min 以上；或偏差超出 50±0.5Hz，且延续时间 10min 以上；装机容量 3000MW 以下电网频率偏差超出 50±0.5Hz，且延续时间 20min 以上；或偏差超出 50±1Hz，且延续时间 10min 以上。

2）电压监视控制点电压偏差超出电网调度规定的电压曲线值±5%，且延续时间超过 1h；或偏差超出±10%，且延续时间超过 30min。

当调度使用电压控制范围代替电压曲线时，电压越限（越上限或越下限）的持续时间超过 1h，也适用本条。

（5）发生下列情况之一者，为电网一类障碍。

1）电网输电断面超稳定限额运行时间超过 15min。

2）跨省电网、省网实时运行中的备用有功功率小于表 1-4 所示数值，且时间超过 1h。

表 1-4　　　　　跨省电网、省网实时运行中的备用有功功率

电网发电负荷	备用有功功率（%，即备用占电网发电负荷的比例）
40 000MW	2%或电网内的最大单机出力
20 000～40 000MW	3%或电网内的最大单机出力
10 000～20 000MW	4%或电网内的最大单机出力
10 000MW 以下	5%或电网内的最大单机出力

备用有功功率是指接于母线且立即可以带负荷的发电侧旋转备用功率（含能立即启动的水电机组及燃气机组），用以平衡瞬间负荷波动与预计误差。

3）切机、切负荷、振荡解列、低频低压解列等安全自动装置非计划停运时间超过 72h，导致电网安全水平降低。

4）220kV 及以上线路、母线、变压器主保护非计划停运，导致主保护非计划单套运行时间超过 36h。

5）地（市）级及以上调度机构调度自动化系统失灵超过 30min、调度通信系统通信中断超过 1h。

6）通信电路非计划停运，造成远方跳闸保护、远方切机（切负荷）装置由双通道改为单通道，时间超过 30h。

2. 设备一类障碍

未构成事故，符合下列条件之一者，为设备一类障碍。

（1）变电站 10kV 母线异常运行或被迫停止运行引起了对用户少送电。

（2）35kV 及以上开关、电压互感器、电流互感器、避雷器以及其他电容性设备爆炸。

（3）发电机组、110kV 及以上输变电主设备被迫停止运行。

（4）直流输电系统单极闭锁。

（5）换流（逆变）站控制系统、站用电系统异常导致直流输电系统少送电。

（6）35kV 及以上输电线路杆塔倒塌。

（7）15MVA 及以上变压器绕组绝缘损坏。

（8）220kV 及以上线路故障，开关跳闸后经自动重合闸重合成功。

（9）发电、输变电主设备有缺陷，经调度同意后停止运行，但设备停运时间超过 168h。

（10）抽水蓄能机组不能按调度规定抽水。

（11）生产单位一次障碍造成设备、设施、施工机械、运输工具损坏，直接经济损失人民币 10 万元及以上 50 万元以下。

（二）二类障碍

由国家电网公司分公司、网省公司自行制定。

三、构成事故的要素分析

事故现象千奇百怪，发生的原因各式各样，不尽相同，有一种原因引起多种现象的，也有多个因素造成一种现象的。但无论是哪种原因引起的什么现象事故，通过对大量事故的剖析可知，对每一个特定事故，都是由一些基本要素构成的，即为人、物、环境、管理四要素构成。

1. 人为因素

人是指在现场的作业人员、管理人员及其他在场的人员。现场的人是生产活动的主体，是实现安全生产的关键因素，可以说是财富的创造者，但同时又是激发事故发生的主要因素。如人可能做出不安全行为、习惯性违章等；会造成物的不安全状态；会造成管理上的缺陷；会形成事故隐患并可触发隐患等。因此，可以说绝大多数事故都是由于人为原因所致。

在下列情况下，职工作业易发生事故：第一，职工思想波动较大时：组织机构变动时；生活福利未做好，群众意见较大时；社会治安情况差时；生活发生困难，恋爱不顺心时；家庭成员生病、伤亡或夫妻纠纷，子女上学、求职有困难时；家庭房屋装修或盖房时；染上不良恶习，甚至嗜赌时等。第二，心理处于以下状态时：感情冲动容易兴奋、喜欢冒险；心境不佳，恼怒、焦躁、恐惧、悲哀；注意力不集中，心不在焉；无耐心，不能理智地去控制行动；疲倦、身体不适；对工作或事物厌倦，心情随外界条件变化无常等。第三，在下列情绪支配下：认为自己有技术，

18

无需按章办事，无需别人指导；认为执行规章太麻烦，图省事，擅自减少工艺或操作步骤；任务紧，时间短，匆忙地行动；与人争吵后情绪尚未恢复常态；工作事先准备不够，联络协调不充分；玩乐过度，精力分散；超负荷工作，力不从心等。

总之，企业里各级领导和班组长、工作负责人要学会善于发现职工的各种特点，关心他们，艺术地组织他们去工作，让他们心态平和，思想集中，精力旺盛地投入到生产中去，为企业提高效益发挥出他们应有的作用。

【案例 1-3】 值班员综合素质高，夜巡灭事故

某变电所值班员王某灭灯时巡查全所设备，当巡到 10kV 开关间时，听到附近发出细微的放电声，他寻声追查，发现 681 号断路器出线杆电缆头严重发红，烧落的铁屑不停地散落在地面。

王某立即返回主控室，将情况向值班调度进行了详细汇报，并马上将该断路器断开，从而避免了一起电缆爆炸和断线事故的发生。

【案例 1-4】 检修人员随地便溺造成 35kV 线路停电

[事故经过]

某变电管理所一名变电检修工作负责人到某变电所 35kV 楼层 5018 号间隔更换 35kV 电流互感器。在工作进行过程中，他需要小便，就随意到同楼层的 5016 号间隔去解手。尿水流下，正好滴在运行中的电压互感器高压熔断器支持绝缘子上，引起绝缘子闪络接地，间隙性电弧不息，被迫拉开 35kV 总路 501 断路器进行处理，影响某氮肥厂生产用电。

[事故原因及暴露问题]

变电检修工作负责人安全素质差，既违反《文明生产管理制度》，又未考虑到安全生产，致使尿水下流造成电气设备短路，是发生这次事故的唯一原因。

[防范措施]

加强对职工进行安全文明生产和劳动纪律的素质教育，提高他们安全文明生产，保护、爱护环境的意识，坚决制止纪律松弛和不文明、不卫生、随地大小便的坏习气。

2. 物（设备等）因素

物指发生事故时所涉及的物质。物又分为合格设备和次合格设备（即含有事故隐患的设备）。

要购买及使用不含事故隐患的正品（合格），《电业生产事故调查规程》中明确规定新设备在投运一年内发生的事故，不考核就是按合格设备制定的。要确保安全生产，从事运行、安装、检修的作业人员尤其是工作负责人，应严格贯彻执行各项规章制度，如"安全生产责任制"、"工艺质量标准"等，使物质能按照它固有属性运行，是保证电力系统安全生产的物质基础。相反的，次合格设备内会潜伏着不安

全因素成为诱发事故的物质基础。

【案例1-5】　带电作业工具爆炸事故

[事故经过]

某市供电公司带电作业班带电更换某500kV线路240号塔绝缘子串。操作中，线路解除重合闸，左相绝缘子串更换结束，将工具转移到中相，准备更换中相绝缘子串。地面作业人员将绝缘吊杆提升到横担下面。横担上地电位工作人员胡××提绝缘吊杆吊钩靠近导线时，忽然一声巨响，一个大火球将塔上胡××右手小指炸掉，500kV线路跳闸，经抢修后才恢复送电。

[事故原因及暴露问题]

绝缘杆制造质量不良，是造成事故的直接原因。

绝缘吊杆壁厚8mm，制造时不能一次成型，一般是先成型2mm厚，烘干后再成型6mm，从制造工艺上形成了层间间隙。生产过程全部手工操作，无操作工艺和检验标准。

事故时，绝缘吊杆炸成四段，每段断口附近的内壁都有明显的经电弧烧伤炭化的玻璃丝布焦片，在断口壁厚处，有明显的炭化层和烟熏的未老化的绝缘撕裂层。从解剖绝缘吊杆的断面中发现，层间环氧树脂厚薄不均，有的玻璃丝布的层间基本上没有环氧层，因手工操作缠绕过程拉力不均匀、缠绕层间不密集，使层间有空气间隔。带电作业时，绝缘吊杆在强电场的作用下，因空气的介电常数远小于环氧丝布介电常数，因此层间存在的空气间隙被击穿，产生局部放电，烧坏间隙的周围绝缘层。在空气间隙击穿的瞬间，产生活性气体NO_2等对周围绝缘层产生氧化，又使绝缘吊杆的绝缘水平下降，这样周而复始，逐步发展，加强绝缘吊杆的老化，最后导致贯穿性击穿短路，造成了这次绝缘吊杆爆炸事故。

[防范措施]

（1）严格遵守《电力安全工作规定》（线路）中关于"带电作业工具的保管与试验"的各项规定，把住带电作业工具关。一定要保证带电作业工具在机械性能和电气性能上满足带电作业的需要。试验方法按国家电力公司发布的《电力安全工器具预防性试验规程进行》试验。

（2）对新购进的带电作业工具，一定要保证质量，从电力系统指定生产带电作业工具的制造厂家或销售单位进货，按有关"质量标准"严格进行验收。

总之，人、物的事故规律还警示人们：凡参加设计、安装、大小修、维护的人员，时时事事、每一个环节（哪怕是最微小的）都应严格遵章、精心作业。

【案例1-6】　断路器液压机构压力异常，被迫停止运行

[事故经过]

某变电所66kV线路4607断路器油泵启动，灯窗显示，接着分、合闸闭锁，

油压异常灯窗显示（共用一个），油泵启动。到现场检查发现压力为 43MPa（工作压力允许范围为 25～35MPa）将高压指针调至 45MPa，拉开油泵电源隔离开关。经检查，行程杆在第一个微动开关和第二个微动开关之间，第二个微动开关在打开位置，通知所长和主任并取得上级调度同意，用旁路断路器带该 66kV 线路，由检修人员进行该线路断路器液压机构检查及处理。待检修处理工作结束后将该 66kV 线路断路器倒闸回本断路器运行。

[事故原因及暴露问题]

（1）该 66kV 线路断路器压力机构中使用的氮气是上次大修时由供应部提供的质量差、纯度底、含水量高的氮气，未能保证检修质量。运行 4 年后，使储压筒内壁锈蚀，发生压力异常．是发生这次事故的唯一原因。

（2）事故暴露出运行值班人员对断路器液压机构的性能未能熟练掌握，发生异常后，随意调整压力表触点高值指针。

[防范措施]

（1）严格执行断路器大修管理制度，对断路器液压机构使用的氮气质量要严格把进货关，不允许使用纯度低的氮气。

（2）对运行值班人员进行液压机构工作原理、特性的专业技术培训。

3. 环境（自然环境和生产环境）因素

职工从事高处作业要按防高处坠落、物体打击、与带电体的安全距离等要求察看作业环境；从事电气作业，要从防触电视点观察环境；平地作业应注意道路是否畅通，地面有无孔洞等状况。无论哪种作业方式，都要注意现场当时的温度、湿度、采光、照明，以及生产设备产生的噪声、振动、泄露的有害气体、蒸汽、粉尘或局部蒸发等。否则，作业人员长期在这样环境下作业（尤其在污染超标、无防护措施的环境），就会导致身体某些器官发生病变甚至威胁人的生命，还可导致设备事故等。所以工作班成员，尤其是工作负责人，在现场要时时事事注意安全文明生产，充分发挥符合现场实际的防护措施的作用，做到现场不留事故隐患。尤其是每项工作完成后要清扫环境。

【案例 1-7】 环境空间含盐烟雾过大，造成设备污闪事故。

某 220kV 变电所在大雾天气下，连续发生污闪事故，造成该变电所停电，局部电网瓦解。事故原因是变电所周围有百余家炒货专业户炒瓜子，形成大量的含盐烟雾散发到空中，盐的密度严重超标，污染了该所的电气设备所致。

这起事故说明应确保在生产过程中人身安全与健康及设备安全与健康生产，就要创造一个工业卫生因素符合标准，整洁文明，有利于设备运转，有利于职工作业的良好环境。

4. 管理因素

事故的发生，从表面上看是由人、物、环境不安全条件造成的，如人的失误、物的不安全状态等原因。但若深入分析，事故发生的根源必然是管理上存在有缺陷所致，如违章指挥、劳力组织不合理、不能严格执行规章制度等，也包括技术上的缺陷。电力企业的管理是分层次的，各有重点。最基层单位的班组管理是关键之处，常常出现因人员组织不合理、违章指挥、监护不到位等现象造成的事故。

总之，加强管理对于企业是最关键的。管理是由人操作的，渗透到人、物、环境各方面，内涵深刻。做同一件事，方法很多，但不论方法是多么繁多，而最艺术、获得回报率最高的，一定是符合客观规律的管理方法。

❓ 思考与练习

一、填空题

1. 电力生产事故可分为_____、_____、_____。
2. 重大人身伤亡事故是指一次死亡_____人的事故。
3. 障碍是指_____。障碍分为_____和_____。
4. 每一个特定事故，都是由一些基本要素构成的，即为_____、_____、_____、_____四要素构成。

二、判断题

1. 食物中毒引起的死亡属于电力生产人身事故。 （ ）
2. 电力生产有关工作过程中发生的人身伤亡包括工作过程中违反劳动纪律而发生的人身伤亡。 （ ）
3. 员工"干私活"发生伤亡不作为电力生产伤亡事故。 （ ）
4. 特大人身伤亡事故是指一次死亡 10 人及以上的事故。 （ ）
5. 城市的减供负荷包括市管辖的县或者县级市。 （ ）
6. 线路自动重合闸重合成功或线路、母线备自投动作，恢复对用户供电的，不算对用户中断供电。 （ ）

三、简答题

1. 发生哪些情形的人身伤亡为电力生产人身事故？
2. 人身事故等级是怎样划分的？
3. 发生哪些情形属于特大电网事故？
4. 发生哪些情形属于重大电网事故？
5. 发生哪些情形属于一般电网事故？
6. 发生哪些情形属于特大设备事故？

7. 发生哪些情形属于重大设备事故?

8. 发生哪些情形属于 A 类一般设备事故?

9. 发生哪些情形属于 B 类一般设备事故?

10. 发生哪些情形属于电网一类障碍?

11. 发生哪些情形属于设备一类障碍?

12. 引起电网事故的因素有哪些?

单元二

电气作业安全措施

课题一 保证安全的组织措施

学习目标

1. 能说明现场勘察制度、工作票制度、工作许可制度、工作监护制度、工作间断和转移制度、工作终结和恢复送电制度的基本概念。

2. 会正确使用工作票。

3. 知道保证安全组织措施的重要意义。

知识点

1. 现场勘察制度。

2. 工作票制度。

3. 工作许可制度。

4. 工作监护制度。

5. 工作间断和转移制度。

6. 工作终结和恢复送电制度。

技能点

会正确使用各种工作票。

学习内容

在电气设备上进行工作时，运行、检修、试验等部门应统一指挥，明确分工，密切配合，保证工作人员的人身安全和设备安全；应遵守的组织措施有现场勘察制度、工作票制度、工作许可制度、工作监护制度、工作间断和转移制度、工作终结与恢复送电制度。

一、现场勘察制度

进行电力线路施工作业或工作票签发人和工作负责人认为有必要现场勘察的施工（检修）作业，施工、检修单位均应根据工作任务组织现场勘察，并作好记录。现场勘察应查看现场施工（检修）作业需要停电的范围、保留的带电部位和作业现场的条件、环境及其他危险点等。根据现场勘察结果，对危险性、复杂性和困难程度较大的作业项目，应编辑组织措施、技术措施、安全措施，经本单位主管生产领导（总工程师）批准后执行。

二、工作票制度

（一）工作票的种类

1. 定义

工作票是指将需要检修、试验的设备填写在具有固定格式的书面上，以作为进行工作的书面联系，这种印有电气工作固定格式的书页称为工作票。工作票制度，是指在电气设备上进行任何电气作业，都必须填用工作票，并依据工作票布置安全措施和办理开工、终结手续，这种制度称为工作票制度。

2. 在电气设备或电力线路上工作应按下列方式进行

（1）填用第一种工作票（见附录二、三、九）。

（2）填用第二种工作票（见附录四、五、十）。

（3）填用带电作业工作票（见附录六、十一）。

（4）填用事故应急抢修单（见附录七）。

3. 填用第一种工作票的工作

（1）高压设备上需要全部停电和部分停电的工作；

（2）二次系统和照明等回路上，需要将高压设备停电者或做安全措施的工作；

（3）高压电力电缆上，需停电的工作；

（4）其他需要将高压设备停电或做安全措施的工作；

（5）在停电的线路或同杆（塔）架设多回路中的部分停电线路上的工作；

（6）配电设备上需要全部或部分停电的工作。

4. 填用第二种工作票的工作

（1）控制盘和低压配电盘、配电箱、电源干线上的工作；

（2）二次系统和照明等回路上，无需将高压设备停电者或做安全措施的工作；

（3）转动中的发电机、同期调相机的励磁回路或高压电动机转子电阻回路上的工作；

（4）非运行人员用绝缘棒和电压互感器定相或用钳型电流表测量高压回路的电流的工作；

（5）大于如表2-1所示距离的相关场所和带电设备外壳上的工作，以及无可能触及带电设备导电部分的工作；

（6）高压电力电缆上，不需停电的工作；

（7）带电线路杆塔上和在运行的配电设备上的工作。

5. 填用带电作业工作票的工作

带电作业或与邻近带电设备距离小于表2-1规定的工作，以及低压带电作业。

表2-1　　　　　　　　设备不停电时的安全距离

电压等级（kV）	10及以下（13.8）	20、35	66、110	220	330	500
安全距离（m）	0.70	1.00	1.50	3.00	4.00	5.00

注　表中未列电压按高一档电压等级的安全距离。

6. 填用事故应急抢修单的工作

事故紧急情况下不用填写工作票，但应使用事故应急抢修单。

（二）工作票的填写与签发

工作票应使用钢笔或圆珠笔填写，也可以使用计算机生成或打印出统一格式的工作票，由工作签发人审核无误，手工或电子签名后方可执行。工作票一式两份，一份应保存在工作地点，由工作负责人收执，另一份由工作许可人收执，按值移交。工作许可人应将工作票的编号、工作任务、许可及终结时间计入登记簿。在一张工作票中，工作票签发人、工作负责人和工作许可人三者不可互相兼任。工作负责人可以填写工作票。

工作票由设备运行管理单位签发，也可由经设备运行管理单位审核且经批准的修试及基建单位签发。修试及基建单位的工作票签发人及工作负责人名单应事先送有关设备运行管理单位备案。第一种工作票在工作票签发人认为必要时可采用总工作票、分工作票，并同时签发。总工作票、分工作票的填用、许可等有关规定由单位主管生产的领导（总工程师）批准后执行。

供电单位或施工单位到客户变电站内施工时，工作票应由有权签发工作票的供电单位、施工单位或用户单位签发。

（三）工作票的使用

1. 变电站工作票的使用

一个工作负责人只能发给一张工作票，工作票上所列的工作地点，以一个电气连接部分为限。如施工设备属于同一电压、位于同一楼层，同时停、送电，且不会触及带电导体时，则允许在几个电气连接部分使用一张工作票。开工前工作票内的全部安全措施应一次完成。

若一个电气连接部分或一个配电装置全部停电，则所有不同地点的工作，可以发给一张工作票，但要详细填明主要工作内容。几个班同时进行工作时，工作票可发给一个总的工作负责人，在工作班成员栏内，只填明各班的负责人，不必填写全部工作人员名单。若至预定时间，一部分工作尚未完成，需继续工作而不妨碍送电者，在送电前应按照送电后现场设备带电情况办理新的工作票，布置好安全措施后方可继续工作。

在几个电气连接部分上依次进行不停电的同一类型的工作，可以使用一张第二种工作票。在同一变电站或发电厂升压站内，依次进行的同一类型的带电作业可以使用一张带电作业工作票。

持线路或电缆工作票进入变电站或发电厂升压站进行架空线路、电缆等工作，应增添工作票份数，工作负责人应将其中一份工作票交变电站或发电厂升压站的工作许可人。上述单位的工作票签发人和工作负责人名单应事先送有关运行单位备案。

需要变更工作班成员时，需经工作负责人同意，在对新工作人员进行安全交底手续后，方可进行工作。非特殊情况不得变更工作负责人，如需变更工作负责人应由工作票签发人同意并通知工作许可人，工作许可人将变动情况记录在工作票上。工作负责人允许变更一次。原、现工作负责人应对工作任务和安全措施进行交接。

在原工作票的停电范围内增加工作任务时，应由工作负责人征得工作票签发人和工作许可人同意，并在工作票上增填工作项目。若需变更或增设安全措施者应填用新的工作票，并重新履行工作许可手续。变更工作负责人或增加工作任务，如工作票签发人无法当面办理，应通过电话联系，并在工作票登记簿和工作票上注明。

第一种工作票应在工作前一日预先送达运行人员，可直接送达或通过传真、局域网传送，但传真的工作票许可应待正式工作票到达后履行。临时工作可在工作开始前直接交给工作许可人。第二种工作票和带电作业工作票可在进行工作的当天预先交给工作许可人。

工作票有破损不能继续使用时，应补填新的工作票。

2. 电力线路工作票的使用

第一种工作票，每张只能用于一条线路或同一个电气连接部位的几条供电线路或同（联）杆塔架设且同时停送电的几条线路。第二种工作票，对同一电压等级、同类型的工作，可在数条线路上共用一张工作票。在工作期间，工作票应始终保留在工作负责人手中。

一个工作负责人只能发给一张工作票。若一张停电工作票下设多个小组工作，每个小组应指定工作负责人（监护人），并使用工作任务单。工作任务单应写明工作任务、停电范围、工作地段的起始杆号及补充的安全措施。工作任务单一式两份，由工作签发人或工作负责人签发，一份留存，一份交小组负责人执行。工作结束后，由小组负责人交回工作任务单，向工作负责人办理工作结束手续。

一回线路检修（施工），其邻近或交叉的其他电力线路需进行配合停电和接地时，应在工作票中列入相应的安全措施。若配合停电线路属于其他单位，应由检修

（施工）单位事先书面申请，经配合线路的设备运行管理单位同意并实施停电、接地。

（四）工作票的有效期与延期

第一、二种工作票和带电作业工作票的有效时间，以批准的检修期为限。第一、二种工作票需办理延期手续时，应在工期尚未结束以前由工作负责人向运行值班负责人提出申请（属于调度管辖、许可的检修设备，还应通过值班调度员批准），由运行值班负责人通知工作许可人给予办理。第一、二种工作票只能延期一次。

（五）工作票所列人员的基本条件

（1）工作票的签发人应是熟悉工作人员技术水平，熟悉设备情况，熟悉《电力安全工作规程》，并具有相关工作经验的生产领导人、技术人员或经本单位主管生产领导批准的人员。工作票签发人员名单应书面公布。

（2）工作负责人应是具有相关工作经验、熟悉设备情况，熟悉本规程和工作班人员工作能力，经工区生产领导书面批准的人员。

（3）工作许可人应是经工区生产领导书面批准的、有一定工作经验的运行人员或经批准的检修单位的操作人员（执行工作任务操作及做安全措施的人员）；客户变电站、配电站的工作许可人应是持有有效证书的高压电工。

（4）专责监护人应是具有相关工作经验、熟悉设备情况和《电力安全工作规程》的人员。

（六）工作票所列人员的安全责任

（1）工作票签发人：审核工作票所列工作必要性和安全性；审核工作票上所列安全措施是否正确完备；审核所派工作负责人和工作班人员是否适当和充足。

（2）工作负责人（监护人）：工作负责人应正确安全地组织工作；负责检查工作票所列安全措施是否正确完备和是否符合现场实际条件，必要时予以补充；工作前对工作班成员进行危险点告知，交代安全措施和技术措施，并确认每一个工作班成员都已知晓；严格执行工作票所列安全措施；督促、监护工作班成员遵守《电力安全工作规程》，正确使用劳动防护用品和执行现场安全措施；掌握工作班成员精神状态是否良好、变动是否合适。

（3）工作许可人：负责审查工作票所列安全措施是否正确完备、是否符合现场条件；工作现场布置的安全措施是否完善，必要时予以补充；负责检查检修设备有无突然来电的危险；对工作票所列内容即使发生很小疑问，也应向工作票签发人询问清楚，必要时应要求作详细补充；线路停、送电和许可工作的命令是否正确。

（4）专责监护人：明确被监护人员和监护范围；工作前对被监护人员交代安全措施，告知危险点和安全注意事项；监督被监护人员遵守《电力安全工作规程》和现场安全措施，及时纠正不安全行为。

（5）工作班成员：明确工作内容、工作流程、安全措施，工作中的危险点，并履行确认手续；严格遵守安全规章制度、技术规程和劳动纪律，正确使用安全工器具和劳动防护用品；相互关心工作安全，并监督《电力安全工作规程》的执行和现场安全措施的实施。

三、工作许可制度

工作许可制度是指在电气设备或线路上进行停电或不停电工作，事先都必须得到工作许可人的许可，并履行许可手续后方可工作的制度。

在电气设备或线路上进行工作，必须事先征得工作许可人的同意，未办理许可手续，不准擅自进行工作。工作许可手续，应通过一定的书面形式进行，发电厂、变电站通过工作票履行工作许可手续。《电力安全工作规程》要求工作许可人会同工作负责人共同到现场检查所作安全措施，并以手触试检修设备确定无电压，对工作负责人指明工作场所范围，指明附近带电设备的位置和注意事项。工作负责人对安全措施认为满意后，双方在工作票上签字，工作班才许可开始工作。工作许可手续应逐级进行，即工作负责人从工作许可人处得到许可工作命令，每一个工作人员从工作负责人处得到许可工作命令。

运行人员不得变更有关检修设备的运行接线方式。工作负责人、工作许可人任何一方不得擅自变更安全措施，工作中如有特殊情况需要变更时，应先取得对方的同意。变更情况及时记录在值班日志内。

四、工作监护制度

工作监护制度是指工作人员在工作过程中，工作监护人必须始终在工作现场，对工作人员的安全认真监护，及时纠正违反安全的行为和动作的制度。

所有工作人员（包括工作负责人）不允许单独进入、滞留在高压室内和室外高压设备区内。若工作需要（如测量极性、回路导通试验等），而且现场设备允许时，可以准许工作班中有实际经验的一个人或几人同时在其他室进行工作，但工作负责人应在事前将有关安全注意事项予以详尽的告知。

工作负责人在全部停电时可以参加工作班工作。在部分停电时，只有在安全措施可靠、人员集中在一个工作地点、不至于误碰带电部分的情况下，方可参加工作。工作票签发人或工作负责人，应根据现场的安全条件、施工范围、工作需要等具体情况，增设专责监护人和确定被监护的人员。专责监护人不得兼做其他工作。专责监护人临时离开时，应通知被监护人员停止工作或离开工作现场，待专责监护人回来后方可开始工作。

工作期间，工作负责人若因故暂时离开工作现场时，应指定能胜任的人员临时代替，离开前应将工作现场交代清楚，并告知工作班成员。原工作负责人返回工作现场时，也应履行同样的交接手续。若工作负责人必须长时间离开工作现场时，应由原工作票签发人变更工作负责人，履行变更手续，并告知全体工作人员及工作许可人。原、现工作负责人应做好必要的交接手续。

五、工作间断和转移制度

工作间断和转移制度是指工作间断、转移时所作的规定。

在工作中如遇雷、雨、大风或其他情况并威胁工作人员的安全时，工作负责人或专责监护人可根据情况临时停止工作。白天工作间断时，工作地点的全部安全措施仍应保留不变。如工作人员须临时离开工作地点时，要采取安全措施和派专人看守。在工作间断时间内，任何人不得私自进入现场进行工作或碰触任何物件。恢复工作前，应重新检查各项安全措施是否正确完整，然后由工作负责人再次向全体工作人员说明，方可进行工作。

六、工作终结和恢复送电制度

全部工作完毕后，工作人员应清扫、整理现场，检查工作质量是否合格，设备或线路上有无遗漏的工具、材料等。在对所进行的工作实施竣工检查合格后，工作负责人方可命令所有工作人员撤离工作地点，向工作许可人报告全部工作结束。

工作许可人接到工作结束的报告后，应携带工作票，会同工作负责人到现场检查验收任务完成情况，确认无缺陷和遗留的物件后，在一式两联工作票上填明工作终结时间，双方签字，并在工作负责人所持的下联工作票上加盖"已执行"章，工作票即告终结。

工作票终结后，工作许可人即可拆除所有安全措施，随后在工作许可人所持工作票上加盖"已执行"章，然后恢复送电。

已执行的工作票，应保存一年。

【案例2-1】　停电检修，误入带电间隔引起触电事故

［事故经过］

某纺织厂变电所共有16个低压配电柜，32个回路（一个柜两个回路）。某年7月20日，其中的410回路开关的操作把手损坏。电气工段长王×和维修班长李×负责检修。下午3时15分办理了409和410回路（同在一个柜）的停电手续。当班的值班人（工作许可人）提醒王×，邻近柜411回路是否应该停电，值班人的建议没有被接受。两个人把开关撤下后，王×发现螺丝太长，就指派李×去加工螺丝，两人退出作业现场。3时50分左右，值班员发现王×自己回到现场，走到配电柜后。过了一会儿，值班员到柜后一看，王×扑在411和412回路间的铝母线上，两手抓住母线。值班员立即停电、抢救。后又送医院抢救无效死亡。

[原因分析]

王×离开工作现场后，发现有个问题没弄清，就自己回来查看现场，结果走错了位置，进入邻近的带电间隔内，当他俯下身体准备查看开关时，两手抓住两相铝母线排，380V电压加在两只手上，触电身亡。

现场临近检修作业区的回路没有停电，检修回路附近没有设置安全遮栏，悬挂标志牌等措施，在失去监护的情况下，当王×全神贯注地考虑其他问题时，无意识地进入带电的低压柜中，是造成这次触电事故的直接原因。

[事故教训及防范措施]

这起事故直接违犯了《电业安全工作规程》（发电厂变电所部分）的规定：

（1）在变电所低压配电柜上从事停电检修工作应填写第二种工作票。电气工段长王×指定维修班长李×为工作负责人（监护人），而在实际工作中王×仍是指挥者。

（2）从事这样的工作时应至少两人一起，其中一人应专门负责监护工作，但实际上两人都在工作，没有监护人。

（3）由于低压配电柜之间没有屏护设施，所以临近的回路应停电。王×只凭工作经验，认为不会出问题，尽管值班员提议停电，但王×并没有接受。

（4）按规定在工作现场应设置一个工作区，留出工作通道，使工作人员只能在该区域内工作，同时将其他区域和通道封锁。但现场没有布置这项安全措施。

（5）按规定要求值班运行人员即是工作许可人。在没有工作票和布置安全措施的情况下，工作许可人不应允许工作。当值班员看到王×一个人进入现场时却没有及时制止。

身为电工气工段长的王×带头违章，说明该厂的安全合理工作薄弱，安全规章制度没有得到落实。

❓ 思考与练习

一、填空题

1. 工作票分为_____和_____。

2. 工作票应使用_____填写，也可以使用计算机生成或打印出统一格式的工作票，由_____审核无误，手工或电子签名后方可执行。工作票一式_____份，一份应保存在_____，由_____收执，另一份由_____收执，按执移交。

3. 工作许可制度是指在电气设备上进行_____工作，事先都必须得到_____的许可，并履行_____手续后方可工作的制度。

4. 工作监护制度是指工作人员在工作过程中，_____必须始终在工作现场，对_____的安全认真监护，及时纠正违反安全的行为和动作的制度。

5. 已执行的工作票，应保存_____月。

二、简答题

1. 线路保证安全的组织措施是什么？

2. 什么是工作票制度？

3. 填用第一种工作票的工作是什么？

4. 工作票签发人、工作许可人、工作负责人应满足哪些基本条件？他们的安全责任是什么？

5. 变电站保证安全的组织措施是什么？

课题二　保证安全的技术措施

学习目标

1. 能说明停电、验电、装设接地线的基本概念。

2. 会正确使用保证安全的各项技术措施。

3. 知道保证安全的技术措施的重要意义。

知识点

1. 停电。

2. 验电。

3. 装设接地线。

4. 悬挂标示牌和装设遮栏。

5. 线路工作中使用个人保安线

技能点

能够正确进行停电、验电与放电、装设接地线、悬挂标示牌和装设遮栏、使用个人保安线操作。

学习内容

保证安全技术措施的目的是为了在全部停电或部分停电设备上进行工作时，防止停电设备上突然来电，工作人员由于不注意而误碰到带电运行的设备上，以致造成触电事故。主要措施包括停电、验电、装设接地线、悬挂标示牌和装设遮栏，线路工作中应使用个人保安线。

一、停电

进行停电时应注意以下几个问题。

（1）将停电工作设备可靠地脱离电源，确保有可能给停电设备送电的各方面电源均须断开。由于大多情况下的厂（站）用变压器及电压互感器二次电压都能自动或手动切换，稍有疏忽，就有可能通过厂（站）用变或电压互感器造成倒送电，因此必须注意将连接在停电设备上的厂（站）用变压器、电压互感器从高低压两侧断开，并悬挂"禁止合闸，有人工作！"标示牌。厂（站）用变压器和电压互感器在采取了以上措施以后，即可认为无来电可能。

在进行线路的停电工作时，要特别注意倒送电的问题。必须加强用电管理、加强对自发电和双电源用户的专业管理，并积极采取技术改进措施，安装防倒送电装置，杜绝倒送电事故的发生。在拟定停电方案和检修措施时，应尽可能采取分组、分段小范围的检修方式，将该段内的所有分支或用户的支接开关和跌开式保险拉开，对无法断开的分支，则应在该分支上悬挂接地线。

（2）断开电源，至少要有一个明显的断开点。其目的是做到一目了然，也使得停电设备和电源之间保持一定的空气间隙，因为长空气间隙的放电电压一般是比较稳定的，即使在潮湿的情况下，也能保持较高的绝缘强度。而断路器却不然，当断路器绝缘强度显著下降时，或由于触头熔焊、机构故障、位置指示器失灵等原因，造成断路器拒开断或不完全开断，而位置指示器却在断开位置，这样有可能造成错觉而酿成事故。因此禁止在只经断路器断开电源的设备上工作，而必须使电源的各方至少有一个明显的断开点。

（3）邻近带电设备与工作人员在进行工作时，正常活动范围的距离必须大于表2-2的规定；当小于表2-2的规定而大于表2-3的距离时，该带电设备应同时停电或在工作人员和邻近带电设备之间加设安全遮栏；如果附近带电设备与工作人员在进行工作时，正常活动范围的距离小于表2-3的规定，该附近带电设备必须同时停电。

表2-2　　　　工作人员工作中正常活动范围与带电设备的安全距离

电压等级（kV）	10及以下	20～35	60～110	220	330	500
安全距离（m）	0.70	1.00	1.50	3.00	4.00	5.00

注　表中未列电压按高一档电压等级的安全距离。

表2-3　　　　工作人员工作中正常活动范围与带电设备的最小安全距离

电压等级（kV）	10及以下	20～35	60～110	220	330
允许距离（m）	0.35	0.60	1.0	1.8	2.6

对线路工作来说，还应将有可能危及该线路停电作业、且不能采取安全措施的交叉跨越、平行和同杆架设线路同时进行停电；对大接地电流系统的同杆架设线路

和"两线一地"制同杆架设线路，当一回停电工作时，其他回路一般应同时停电。

（4）运行中的星型接线设备（检修设备除外）的中性点，必须视为带电设备。这是因为对中性点不接地系统来说，在正常运行时，其中性点具有一定的对地电位。这个对地电位叫作中性点的位移电压，也叫作不对称电压。这一电压的产生主要是由于系统各相对地电容不对称引起的，例如由于线路导线的不对称排列，对没有架空地线的 35kV 线路来说，当导线按水平排列，线间距为 3m，则不对称电压可能达 700V 左右，把以上数值的电压引到检修设备上去，显然是很危险的，尤其是当发生单相接地故障时，中性点的对地电压可高达相当于相电压的数值。对中性点采用消弧线圈接地的系统来说，其中性点也具有一定的电位，数值的大小决定于脱谐度是否适宜和系统不对称度的大小。

即使是中性点直接接地系统的变压器，其中性点还是具有一定的电位，尤其是当发生接地故障时，其电位将更高。因此，在将检修设备停电时，必须同时将和其有电气连接的其他任何运用中的星形接线设备（检修设备除外）的中性点断开。

（5）为了防止因误操作、低频动作或因校验引起的保护误动等造成断路器或远方控制的隔离开关突然合闸而发生意外，必须断开断路器的电、气、油等操作能源。对一经合闸就可能送电到停电设备的隔离开关操作把手必须锁住。

工作地点应停电的设备如下：

（1）检修的设备。

（2）与工作人员在进行工作中正常活动范围的距离小于表 2-3 规定的设备。

（3）在 35kV 及以下的设备处工作，安全距离虽大于表 2-3 的规定，但小于表 2-2 的规定，同时又无绝缘挡板、安全遮栏措施的设备。

（4）带电部分在工作人员后面、两侧、上下，且无可靠安全措施的设备。

（5）其他需要停电的设备。

【案例 2-2】 电源未彻底切断导致触电死亡事故

［事故经过］

某年 8 月 31 日晚上，沿海某厂空压站附近 6 根户外架空线被台风刮断。9 月 1 日早晨，动力科人员带领电工拉掉架空的三相四线供电线路的电源开关，并挂上"禁止合闸，有人工作"的标示牌，决定于 9 月 2 日抢修。

9 月 2 日，台风虽减弱，但细雨不停。上午 7 时，加班电工赶赴现场进行检修。检修前电工问配电间人员："电源切断了吗？"值班人员答道："切断了"。事实上，问者和答者指的是 380V 的三相四线的电源，而疏忽了 220V 的电铃线的电源（该电铃线由机械时钟控制，每逢上下班、吃饭时间自动合闸送电响铃，其余时间均无电）。问答以后，电工甲身拴安全带攀上电杆坐在第二根横杆上，当他发现电铃线时，问蹲在地面整理电线的电工乙："上面这根是什么线？"乙顺线查看后回答说："是电铃线。"甲应声："知道了。"便开始工作。

此时，正逢 8 时上班铃响，而甲右手小指正巧触及电铃线绝缘破损处，一起 220V 单相触电事故随即发生。

［原因分析］

（1）8 月 31 日晚到 9 月 2 日该厂组织抢修，其间有整整一天的空隙，但有关部门对这次突发性的电气抢修缺乏周密的考虑和布置。具体表现为对架空线的电源未彻底切断，致使留下事故隐患。

（2）加班电工对抢修现场未认真观察，对本厂架空线的布局及用途缺乏了解，在发现电铃线以后仍粗心大意，不采取有效的防护措施。

（3）甲作业时正逢下雨，人体电阻明显下降，使较强的电流通过其身体，导致触电死亡事故的发生。

［事故教训及防范措施］

（1）在抢修架空线路前，应对线路布局走向作认真地观察了解。在线路全部停电检修工作前，应切断所有架空线路的电源，对每一电源应有一个明显断开点。对不能停电的线路应在作业时采取安全防护措施，严禁在电源不明情况下作业。

（2）一旦发现线路的电源未全都切断，特别在气候恶劣下的露天作业时，应立即停止作业，查明原因。在切断电源后才可进行工作。

（3）若无法判明线路是否带电时，应视为带电，工作时应执行带电工作制度，坚决杜绝冒险作业。

二、验电

验电可直接验证停电设备或线路是否确无电压，也是检验停电措施的制定和执行是否正确、完善的重要手段。因为有很多因素可能导致认为已停电的设备，实际上却是带电的。如停电措施不完善或由于操作人员失误而未能将各方面的电源完全断开、或实际停电范围与计划的停电范围不符；设备停电后又突然来电；与停电作业线路交叉，跨越线路带电且隔离措施不完备等许多意想不到的情况，都可能导致认为停电的设备实际有电，所以必须在装设三相短路接地线前验明设备或线路确无电压。

验电时应注意下列事项：

（1）验电时，应采用相应电压等级而且合格的接触式验电器。低于设备额定电压的验电器进行验电时对人身将产生危险。反之，用高于设备额定电压的验电器进行验电，有可能造成误判断，同样会对人身安全造成威胁。验电还应采用合格的验电器，验证验电器是否合格完好，应先在有电设备上进行试验，以确证验电器指示良好。无法在有电设备上进行试验时可用高压发生器等确认验电器良好。如果在木杆、木梯或木架上验电，验电器没接地线不能指示者，可在验电器绝缘杆尾部接上接地线，但应经运行值班负责人或工作负责人许可。

（2）对同杆塔架设的多层电力线路进行验电时，先验低压、后验高压，先验下层、后验上层，先验近侧、后验远侧。禁止工作人员穿越未验电、接地的 10kV 及以下线路对上层线路进行验电。验电应分相逐相进行，对在断开位置的断路器或隔离开关进行验电时，还应同时对两侧各相验电。

（3）对电容量较大的设备（如长架空线、电缆线路、移相电容器等）进行验电时，由于剩余电荷较多，一时不易将电荷泄放完，因此刚停电后即进行验电，验电器仍会发亮。出现这种情况时必须过几分钟再进行验电，直至验电器指示无电为止。切记不能凭经验办事，当验电器指示有电时，想当然认为这是剩余电荷作用所致，就盲目进行接地操作，是十分危险的。

（4）35kV 以上的电气设备，通常采用绝缘棒或零值瓷绝缘子检测器进行验电。但使用瓷绝缘子检测器进行验电时，不能光凭一片或几片瓷绝缘子无放电声即认为无电，而必须对整串瓷绝缘子进行检验后才能确认无电，以防开始被测瓷绝缘子原是零值瓷绝缘子而造成误判断。同时在验电前同样应在有电设备瓷绝缘子上进行测验，以证明瓷绝缘子检测器的间隙距离是合适的。

（5）信号和表计等通常可能因失灵而错误指示，因此不能光凭信号或表计的指示来判断设备是否带电；但如果信号和表计指示有电，在未查明原因、排除异常的情况下，即使验电器检测无电，也应禁止在该设备上工作。

（6）高压验电时应戴绝缘手套。验电器的伸缩式绝缘棒长度应拉足，验电时手应握在手柄处不得超过护环，人体应与验电设备保持安全距离。雨雪天气时不得进行户外直接验电。

（7）对无法进行直接验电的设备，可以进行间接验电，即检查隔离开关的机械指示位置、电器指示、仪表及带电显示装置指示的变化，且至少应有两个及以上指示已同时发生对应变化；若进行遥控操作，则应同时检查各类控制开关的状态指示、遥测、遥信信号及带电显示装置的指示进行间接验电。330kV 及以上的电气设备，可采用间接验电的方法进行验电。

【案例 2-3】 相线与零线接线颠倒造成的触电死亡事故

［事故经过］

某年 8 月 26 日，某建筑工地正在紧张施工，搅拌机和好了水泥后停了下来。一位工人推车过来接水泥，正当搅拌机向外倒水泥时，手扶推车把手的工人突然感到一阵麻，大喊"有电"，于是停止工作，找来电工修理。19 岁的电工来后，用验电笔测量搅拌机外壳发现果然有电，就把搅拌机上的开关拉开，再测量仍然有电，就跑到前一级开关箱，拉开了控制搅拌机回路的闸刀开关。这时，他认为不会再有电了，没再验电就伸手抓住搅拌机动力箱的铁门，只听"啊"的一声，该电工就倒下了，送往医院后经抢救无效死亡。

[原因分析及暴露问题]

控制搅拌机开关箱的电源是从总的配电箱引出的，总配电箱里控制搅拌机回路开关的三相导线中有一相是黑色的，而没经开关的保护线是灰色的。就在搅拌机和好水泥后，工地"二包"队伍的一位电工要为本队接临时一照明灯，将开关拉开，负荷线撤掉，接好照明后恢复原负荷时，他认为黑色线应该是保护线，就把黑线和原来的保护线互换了一下，把原来的保护线接到电源的相线上，这样相线就接在搅拌机的外壳上了，当电工拉开两极开关时，由于三相开关并不能切断接在外壳上的相线，所以搅拌机仍然带电，导致电工触电死亡。

（1）原接线中总开关箱内的接线并没有按习惯作法把黑色线作为保护线，埋下了事故的隐患。

（2）"二包"队伍的电工在恢复原接线时，主观地把相线倒过来接，使搅拌机带电，是造成事故的直接原因。

（3）电工在检修中虽拉下二级开关，但并没有切断接在外壳上的相线，也没有认真地验电，也是事故发生的原因。

[防范措施]

（1）接线时要规范，黑色线（新标准为绿黄双色线）要接被保护设备的金属外壳，不要把相线错接在外壳上。

（2）检修开始前一定要全面验电，不能认为已经断电，验不验电无所谓。

三、装设接地线

虽然我们从组织措施和技术措施方面，采取了一系列保证工作人员安全的措施，但仍有很多原因使停电工作设备发生突然来电的现象。根据对有关情况的分析和事故教训的总结，停电工作设备或线路发生突然来电的原因如下：

（1）由于误调度或误操作，造成对停电工作设备或线路误送电。

（2）由于自发电、双电源用户（包括私拉乱接而实际变成双电源供电的用户）以及发电厂、变电站的厂（站）用变压器和电压互感器二次回路等的错误操作，而造成对停电工作设备的倒送电。

（3）附近带电设备的感应，特别是当和停电检修线路平行接近的带电线路流过单相接地短路电流（指大接地电流系统），或流过两相接地短路电流时，对停电工作设备的感应，使其意外地带有危险电压。

（4）停电线路和带电线路同杆架设或交叉跨越，两者之间发生意外的接触或接近放电，而使停电工作设备突然带电。

（5）当停电的低压网络和带电的低压网络共用零线时，由于零线断开或接地不良等原因，可能从零线窜入高电位而使停电工作的低压网络带有危险电压。在某些特定的条件下，从零线窜入的高电位还可能向配电变压器的高压侧反送。

（6）停电设备上空有雷电活动时，落雷或雷电感应使停电工作设备突然带电。

（7）由于将发电厂、变电站接地网的高电位引出，或由于将入地电流引入而使停电工作线路意外带有危险电压。

对突然来电的防护，采取的主要措施是装设接地线。装设接地线包括合上接地开关和悬挂临时接地线（临时接地线又称携带型接地线）。

接地开关和接地线均有两部分组成：三相短接部分和集中接地部分。

装设接地线的保护作用：首先可将停电设备上的剩余电荷泄放入大地；同时当出现突然来电时（除小接地电流系统的单相突然来电外），接地线流过接地短路电流，可促使电源开关迅速跳开，消除突然来电，因此装设接地线后可使突然来电的持续时间尽可能地缩短。装设接地线后，最主要的一个防护作用是可限制发生突然来电时设备对地电位的升高，在某些情况下，还可将工作地点的对地电位限制在"地电位"。因此装设接地线是保护工作人员免遭突然来电伤害的主要或是唯一的防护。

装拆接地线要求如下：

（1）装设接地线应由两人进行（经批准可以单人装设接地线的项目及运行人员除外）。

（2）成套接地线应用有透明护套的多骨软铜线组成，其截面不得小于 $25mm^2$，同时应满足装设地点短路电流的要求。禁止使用其他导线作为接地线或短路线。接地线应使用专用的线夹固定在导体上，严禁用缠绕的方法进行接地或短路。

（3）对于可能送电至停电线路或设备的各个方面，均应装设接地线或合上接地开关，以做到从电源侧看过去，工作人员均在接地线的后面，即在接地线的保护之下进行工作。当有产生危险感应电压的可能时，需视情况适当增挂接地线。进行线路工作时，除了遵循以上有关原则外，至少应在每个工作班组的工作地段两侧悬挂接地线，即使是单端有电源的受电线路，也应在工作地段的两端分别挂接地线，线路停电工作一般应在发电厂、变电站内装设接地线（"两线一地"制变电站等特殊情况除外）。

（4）当检修发电厂、变电站的 10m 及以下长度的母线时，可以只装设一组接地线，而当检修 10m 以上长度的母线时，则应视连接在母线上的电源进线多少、分布情况及感应电压的大小适当增设接地线的数量；在门型构架的线路侧进行停电检修时，如工作地点到接地线的距离小于 10m 时，从电源看进去工作地点虽在接地线的前面，也允许不再另装设接地线。检修部分若分为几个在电气上不相连接的部分（而分段均连接有电源进线时），则各段应分别验电并按规定分别悬挂接地线；反之，虽然在工作中可能分有几个在电气上不相连接的部分，但并非每段都有来电可能（包括感应电），则只要在各个可能来电的部分装设接地线即可，而无需每段分别挂接地线，但在工作前各段应分别验电并对地泄放剩余电荷。

（5）接地线和设备导体之间以及接地端和"地"之间接触应良好。因为当发生突然来电时，短路电流流过以上接触电阻时所产生的压降将作用在停电设备上，因此接触不良，接触电阻愈大，施加于停电设备上的对地电压越高。接触不良还可能由于短路电流流过时发热而使接地线烧毁，造成工作地点失去保护。因此接地线和导体或接地端的夹具固定牢固，悬挂在线路上的接地线接地端使用插入式接地棒时，接地棒在地中的插入深度不得小于 0.6m。

（6）在装、拆接地线的过程中，还应始终保证接地线处于良好的接地状态，以保证在装拆过程中出现突然来电时，能有效地限制接地线上的对地电位升高以确保操作人员的人身安全。因此在装接地线时，必须先接接地端，后接导体端，拆接地线时与此相反，连接应可靠。装拆接地线均应使用绝缘棒和戴绝缘手套。人体不得碰触接地线或未接地的导线，以防止感应电触电。对于因平行或邻近带电设备导致检修设备可能产生感应电压时，应加装接地线或工作人员使用个人保安线，加装的接地线应记录在工作票上，个人保安线由工作人员自装自拆。严禁工作人员擅自移动或拆除接地线。

（7）高压回路上的工作，需要拆除全部或部分接地线。例如：①拆除一相接地线；②拆除接地线，保留短路线；③将接地线全部拆除或拉开接地开关之后才能进行的工作，如测量母线和电缆的绝缘电阻，测量线路参数，检查断路器（开关）触头是否同时接触，应征得运行人员的许可（根据调度员指令装设的接地线，应征得调度员的许可）方可进行。工作完毕后立即恢复。

（8）每组接地线均应编号，并存放在固定地点。存放位置亦应编号，接地线号码与存放位置号码应一致。装、拆接地线应作好记录，交接班时应交代清楚。

四、线路工作中使用个人保安线

工作人员在进行线路工作时，工作地点如有临近、平行、交叉跨越及同杆架设线路时，为防止停电检修线路上感应电压伤人，在需要接触或接近导线工作时，应使用个人保安线。

个人保安线应在杆塔上接触或接近导线的作业开始前挂接，作业结束脱离导线后拆除。装设时，应先接接地端，后接导线端，且接触良好，连接可靠。拆除个人保安线的顺序与此相反。

个人保安线应使用有透明护套的多股软铜线，截面积不得小于 16mm²，且应带有绝缘手柄或绝缘部件。严禁以个人保安线代替接地线。在杆塔或横担接地通道良好的条件下，个人保安线接地端允许接在杆塔或横担上。

【案例 2 - 4】　误拽保安线，导致保安线接地端脱落，造成人员触电身亡

［事故经过］

5 月 26 日，某省超高压输变电公司按计划对 500kV 万龙二回 419～735 号杆塔进行绝缘子清扫和消缺工作。11：20 分，运检一队 1 名工作人员金××根据电话许可，在 462 号塔挂设个人保安线并进行清扫。18：20 分，根据周边群众电话反映异常情况，运检一队有关人员赶到现场，登杆检查发现金××在系好安全带的情况下，仰躺在左相横担头上，地线接地端位于胸口，并已死亡。

［原因分析］

经现场勘察和分析，事故原因是金××在杆塔上 A 相装设好保安线后，准备取工具包转移作业点时，身体意外失去平衡，右手抓住保安线（保安线有透明绝缘套管），导致保安线的接地夹具从塔材上脱出，接地端击中左胸靠近心脏部位，因感应电击导致休克死亡。

［事故教训］

保安线接地线夹设计不合理，夹在塔材上在有平行外力作用时易脱落；作业人员在杆塔上作业时安全警惕性不够，在重心失稳时误拽保安线，导致保安线接地端脱落。

五、悬挂标示牌和装设遮栏（围栏）

悬挂标示牌可提醒有关人员及时纠正将要进行的错误操作和做法。按其用途分为警告、允许、提示和禁止四类，标示牌的类型如图 2-1 所示。每种标示牌的式样及悬挂处见附录十三。标示牌用木质或绝缘材料制作，不得用金属板制作。

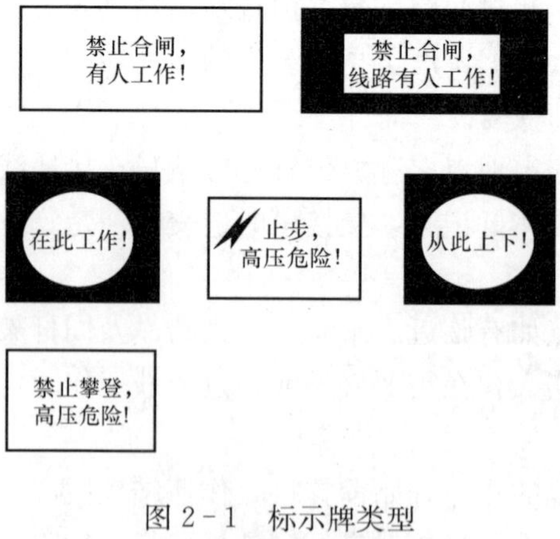

图 2-1　标示牌类型

为防止因误操作而错误地向有人工作的设备合闸送电，要求在一经合闸即可送电到工作地点的断路器和隔离开关的操作把手上，均应悬挂"禁止合闸，有人工作！"的标示牌。如果停电设备有两个断开点串联时，标示牌应悬挂在靠近电源的隔离开关把手上，对远方操作的断路器和隔离开关，标示牌应悬挂在控制盘的操作把手上；对同时能进行远方和就地操作的

隔离开关，则还应在隔离开关操作把手上悬挂标示牌。

当线路有人工作时，则应在线路断路器和母线侧隔离开关把手上悬挂"禁止合闸，线路有人工作！"的标示牌。当发电厂、变电站的电气设备及相应的线路均有人工作时，在一经合闸即可送电到工作地点的断路器和隔离开关把手上应悬挂两种标示牌，一是"禁止合闸，有人工作！"，另一个是"禁止合闸，线路有人工作！"。有关线路工作标示牌的悬挂和拆除，必须按调度员的命令进行。

发电厂、变电站部分停电工作时，还需在工作地点或工作设备上悬挂"在此工作！"标示牌。有时，为了防止人身或停电部分对邻近带电设备的危险接近，需在停电部分和带电设备之间加装临时遮栏；当考虑了正常的活动范围以后，以上危险接近距离可能小于表2-2的规定距离、但大于表2-3的规定距离时，应装设临时遮栏，并悬挂"止步，高压危险"的标示牌。临时遮栏到带电部分之间的距离不得小于表2-3的允许距离，以确保工作人员在工作中始终保持对带电部分有足够的安全距离。临时遮栏如图2-2所示，用干燥木材、橡胶或其他坚韧绝缘材料制作，但不准用金属材料制作，高度不低于1.7m。

图2-2　临时遮栏

35kV及以下设备的临时遮栏，如因工作特殊需要，可用绝缘挡板与带电部分直接接触。但此种挡板应具有高度的绝缘性能。

严禁工作人员擅自跨越围栏、移动或拆除遮栏（围栏）、标识牌。

【案例2-5】　未挂"禁止合闸，有人工作"标示牌，导致触电伤残事故

［事故经过］

某年1月9日，某厂电工甲在原料仓库装碘钨灯时，发现电线搭头应接在朝南方向的第一根牛腿（厂房柱子上承托行车轨梁的突出部位俗称牛腿）和行车轨道

间。为了接线，甲沿仓库阁楼的扶梯上楼，跨过铁栏杆，爬上牛腿。甲双脚站在紧靠牛腿外的水泥墩子上，右前胸靠在水泥柱子上，左后肩朝向行车，扑在轨道上进行接线。仓运组工人乙正在整理场地，搬运铁皮。发现行车按钮开关箱正好放在铁皮上妨碍搬运，即合上闸刀，接通电源，启动行车。行车刚一启动就听到甲的呼叫，乙这才发现上面有人，连忙将行车朝后退，但为时已晚。经送院检查，甲右胸第二至第五肋骨严重骨折。

［原因分析］

（1）甲在行车牛腿处装灯时，虽拉开了电源闸刀，但未拔掉熔丝，闸刀手柄上和按钮开关箱上也未挂"禁止合闸，有人工作"的标示牌。

（2）电工登高工作，单独操作，无人监护。

（3）乙事前知道甲在仓库内装灯，但在启动行车前，未观察环境。

［事故教训及防范措施］

（1）停电工作时应在断开的开关和闸刀操作手柄上悬挂"禁止合闸，有人工作"的标示牌，必要时加锁。

（2）登高作业时要拴好安全带，并要有专人监护。

【案例 2-6】　不重视作业周围环境，误碰带电设备导致触电死亡事故

［事故经过］

某年 7 月 18 日，某房修队安排甲等四人去某厂压缩车间钉已脱落的毛毡。甲先在地面将钉子钉在木板条上后，登上离地 2.6m、距空气开关 0.17m 的一根自来水管朝楼板上钉。在甲转身向右侧伸手拿东西时，左肘触及空气开关上桩头，甲触电后，随即摔在压缩机上，后又跌到地面。

［原因分析］

（1）空气开关安装位置不妥，距下方的自来水管只有 0.17m。

（2）空气开关的桩头是裸露的，上桩头带电，当甲不慎触及该桩头时，发生单相触电死亡。

［事故教训及防范措施］

（1）在邻近带电设备附近工作，必须重视和加强防止误碰带电体而造成的触电事故。对容易触及的导电部分，应加装临时遮栏或防护罩，并设专人进行监护。

（2）安装空气开关时，要与金属物件之间留下符合要求的安全距离。空气开关一旦安装完毕，禁止在其周围贴近处架设金属管道。

（3）要用黄蜡布或黑色绝缘布将自动空气开关的上、下裸露桩头包扎好，开关应装在电源箱内。

【案例 2 - 7】　无票作业，作业人员触电身亡

[事故经过]

某供电公司某供电所所长等 3 人，去处理 10kV 煤矿 1 号杆的缺陷。工作中没有办理工作票，又未验电、挂地线。工作人员王×登杆过程中，碰上已经停运 8 年的线路中相导线。该线路两端虽早已拆开，但因与另一线路交叉串电，造成作业人员触电，经抢救无效死亡。

[事故原因及暴露问题]

作业人员进行作业时，未执行电力安全工作规范（线路）中的组织措施和技术措施："填写第一种工作票"，"停电、验电、挂接地线"等规定，是发生事故的主要原因。运行单位对所管辖范围内系统中停运线路是否有电不清楚、不掌握。事后查明该停运线路中相导线与化肥厂 10kV 专用线交叉串电，是发生事故的直接原因。

该事故暴露出该单位运行工作管理混乱，停运线路与带电线路交叉处垂直距离过小，8 年来一直未发现，是运行管理工作中的严重漏洞。

[防范措施]

（1）电力部门的任何作业，只有严格执行《电力安全工作规定》中的组织措施和技术措施，才能保证作业人员的人身安全。

（2）电力企业的工作人员，尤其是工作负责人应该认识到，不严格执行规章制度就是"违法"的行为。对于违章指挥，《中华人民共和国安全生产法》第四十六条规定从业人员"有权拒绝违章指挥和强令冒险作业"。

（3）加强设备运行管理工作，彻底清理线路管理上的混乱。

❓ 思考与练习

一、填空题

1. 验电可直接_____，也是检验_____的制定和执行是否正确、完善的重要手段。

2. 对突然来电的防护，采取的主要措施是_____。装设接地线包括_____和_____。

3. _____可提醒有关人员及时纠正将要进行的错误操作和做法。

4. 个人保安线应在_____或_____的作业开始前挂接，_____后拆除。装设时，应先接_____，后接_____，且接触良好，连接可靠。拆除个人保安线的顺序与此相反。

二、简答题

1. 线路保证安全的技术措施有哪些？

2. 变电站保证安全的技术措施有哪些?

3. 进行停电时应注意哪些问题?

4. 验电时应注意哪些事项?

5. 装设接地线的保护作用是什么?

6. 装拆接地线有哪些要求?

课题三　倒闸操作的安全措施

学习目标

1. 知道倒闸操作的概念和基本要求。

2. 会正确进行倒闸操作票的填写。

3. 知道倒闸操作的顺序和操作过程中的有关注意事项。

4. 知道防误操作的组织措施。

知识点

1. 倒闸操作的概念和基本要求。

2. 操作票的填写。

3. 倒闸操作的顺序和操作过程中的有关注意事项。

4. 防误操作的组织措施。

技能点

能够正确进行基本的倒闸操作。

学习内容

一、倒闸操作基本概念

1. 倒闸操作的定义

电气设备分为运行、备用(冷备用及热备用)、检修三种状态。为了满足检修,试验和安装等工作的要求,需要将设备由一种状态转变为另一种状态的过程叫倒闸。将电气设备从一种状态转换为另一种状态或使系统改变了运行方式的操作就叫倒闸操作。

倒闸操作关系着变电站及电力系统的安全运行,关系着操作人员本身或电气设备上工作人员的生命安全。严重的误操作有时会造成电力系统瓦解或设备受到重大破坏。因此倒闸操作是值班运行工作中一项重要的工作内容。

2. 倒闸操作的分类

倒闸操作可分为监护操作、单人操作和检修人员操作三种。

(1) 监护操作:由两人同时进行同一项的操作,其中一人对设备较为熟悉者作监护。特别重要和复杂的倒闸操作,由熟练的运行人员操作,运行值班负责人监护。

（2）单人操作是由一人完成的操作，一般有以下两种情况：

1）单人值班的变电站操作时，运行人员根据发令人用电话传达的操作指令填用操作票，复诵无误后执行。

2）实行单人操作的设备、项目及运行人员必须经设备运行管理单位批准，人员应通过专项考核。

（3）检修人员操作是由检修人员完成的操作，一般有以下两种情况：

1）经设备运行管理单位考试合格、批准的本企业的检修人员，可进行220kV及以下的电气设备由热备用至检修或由检修至热备用的监护操作，监护人应是同一单位的检修人员或设备运行人员。

2）检修人员进行操作的接、发程序及安全要求应有设备运行管理单位总工程师（技术负责人）审定，并报相关部门和调度机构备案。

二、倒闸操作的基本要求

1. 对运行操作人员的要求

（1）要有考试合格证并经工区领导批准公布的操作人和监护人。

（2）按规定事先填写好操作票，并在操作地点仔细核对设备的名称编号后，才能进行操作。

（3）不要仅依赖监护人，而应对操作内容做到心中有数，否则易出事故。

（4）在进行操作期间，不要做与操作无关的工作或交谈。

（5）装接地线之前，必须认真检查设备是否确已无电。在验明设备确无电压后，应立即装接地线，以确保人身及设备的安全。

（6）送电范围内的设备在投入前，必须检查其上有无接地线、工具等。

（7）当闭锁装置拒绝动作时，不要轻易做出装置出故障的结论。要对设备进行检查，分析找出原因。

（8）沉着冷静地处理事故，不要惊慌失措，否则会扩大事故范围。

2. 对电气设备和操作工器具的要求

（1）现场一次、二次设备要有明显的标志包括名称、编号、铭牌、转动方向、切换位置的指示以及区别电气相别的颜色。

（2）要有与现场设备标志和运行方式相符合的一次系统模拟图，继电保护和二次回路的展开图。

（3）除事故处理外，操作时还应有确切的调度命令和合格的操作票。

（4）要求有统一的、确切的操作术语。

（5）要求使用合格的操作工具、安全用具和设施。

三、倒闸操作票的填写

填写操作票是防止误操作的主要措施之一。其主要内容包括操作任务、操作顺序、发令人、受令人、操作人和监护人、操作步骤以及操作时间等。变电站和线路操作票的格式见附录一、十二。

1. 填写操作票的注意事项

（1）倒闸操作票应由操作人员填写。

（2）操作票应用钢笔或圆珠笔逐项填写。用计算机开出的操作票应与手写格式一致。操作票票面应清楚整洁，不得任意涂改。操作人和监护人应根据模拟图或接线图核对所填写的操作项目，并分别签名，然后经运行值班负责人（检修人员操作时有工作负责人）审核签名。

（3）操作票应编号，并按照编号顺序使用。作废的操作票应盖"作废"字样的图章加以注明，已操作的应盖"已执行"字样的图章加以注明。

（4）使用过的操作票必须在变电站保存一年，以备查用。

（5）为了避免发生误操作，并考虑到在操作过程中系统运行情况可能有变化，因而每张操作票只能填写一个操作任务。

2. 操作票的内容

在操作票中应填写以下内容：

（1）断路器和隔离开关的拉合闸操作和检查开合闸位置。

（2）断路器和隔离开关控制回路中的保险和操作电源的拉合闸操作。

（3）电压互感器高低压保险的拉合闸操作。

（4）安装和拆卸临时接地线。

（5）继电保护、自动装置的停止和投入运行以及整定值的改变。

（6）其他必要的检查项目，如检查断路器开合闸位置和负荷分配等。

四、倒闸操作的顺序

1. 发布和接受任务

值班员接受调度的操作任务或命令时，应明确操作的目的和意图，并填写操作票；然后，按照操作票的操作任务和程序向调度员复诵，经双方核对无误后，将双方姓名填入各自的操作票上。对枢纽变电站重要的倒闸操作应有两人同时听取和接受调度的命令，并进行录音。

2. 填写操作票

填写操作票应按照调度员发布的任务和命令，查对模拟系统图，在操作票上逐项填写操作项目。填写操作票的顺序不可颠倒，字迹应清楚，不得涂改。最后由操作人和监护人在操作票上共同签名。

3. 审核批准

操作人填好操作票后，由监护人、班长及值长逐级审核，运行领导人经审核确无错误后签名批准，将操作票交还给操作人。对上一班预填的操作票，即使不在本班执行，也需要根据上条的规定进行审核。经审核发现错误应由操作人重新填写。

4. 发布操作命令

正式操作时，由调度员发布操作任务或命令，监护人和操作人同时接受，并由监护人按照填写好的操作票向发令人复诵。经双方核对无误后，在操作票上填写发令时间，并由操作人和监护人签名。

5. 核对模拟系统图板

在发布操作命令后及正式操作前，由监护人按照操作票的操作顺序唱票，由操作人在模拟图板上模拟操作，以核对操作票的正确性。模拟操作时要按照正式操作要求执行。由监护人按照操作票上顺序念出一项，操作人复诵无误后，操作人才可执行。

6. 核对实物

模拟操作无误后，操作人和监护人携带操作工具进入操作现场。首先要核对操作设备的名称和编号是否与操作票相符，监护人核对操作人站立的位置是否正确，必要的安全措施是否已做好，然后才开始唱票。

7. 唱票操作

监护人按照操作顺序及内容高声唱票，由操作人复诵一遍，监护人认为无误后应答"对，执行"，然后操作人才可进行操作。监护人在操作开始时，应记录开始时间，并将已执行的操作项目立即在操作票上做出"√"记号，然后再读下一个操作项目。这是为了防止前后顺序颠倒造成误操作及漏操作的有效措施。

8. 检查设备

操作人在监护人的监护下检查操作结果，包括表计的指示、连锁装置及各项信号指示是否正常。操作完成后，已操作设备的实际位置和模拟图板的位置应保持一致。

9. 汇报

操作票上全部项目操作完成后，监护人向发令人汇报操作开始及结束时间，发令人认可后，由操作人在操作票上盖"已执行"的章。

10. 记录入簿

由监护人将操作任务及起始和结束时间记入记录簿中。

五、不用操作票的范围

倒闸操作时在下列情况下可以不填写操作票：

（1）事故应急处理时，为了能够迅速断开故障点，缩小故障范围，以限制故障的发展，及时恢复供电，可不填写操作票。但事故处理结束后，应迅速向上级运行负责人汇报，并作好记录。

（2）拉合断路器（开关）的单一操作。

（3）拉开或拆除全站唯一的一组接地刀闸或接地线。

上述操作在完成后应作好记录，事故应急处理应保存原始记录。

六、倒闸操作的注意事项

（1）在倒闸操作前必须了解系统的运行方式以及系统运行方式的调整，继电保护及自动装置的设置及定值整定等情况，并应考虑电源及负荷的合理分布。

（2）在电气设备送电前，必须收回有关检修工作票，拆除安全设施，还应检查断路器和隔离开关确实在断开位置。

（3）在倒闸操作前应请示调度部门对继电保护及自动装置整定值是否要调整，以适应运行方式的改变，防止因继电保护及自动装置整定值不适应新的运行方式误动或拒动而造成事故。

（4）备用电源自动投入装置、重合闸装置必须在所属主设备停运前退出运行，在所属主设备送电后投入运行。

（5）在进行电源切换或电源设备倒母线时，必须先将备用电源投入装置切除，操作结束后再进行调整。

（6）在同期并列操作时，应防止非同期并列。若同步表指针在零位晃动、停止或旋转太快，则不得进行同期并列操作。

（7）在倒闸操作中，应注意分析表计的指示。如在倒母线时，应注意电源分布的平衡性，尽量使母联断路器的电流不超过限制，以防止因设备过负荷而跳闸。

（8）在下列情况下，应取下断路器的直流操作保险，切断断路器操作电源：

1）断路器在检修。

2）在二次回路及保护装置有人工作时。

3）在倒母线过程中拉合母线隔离开关、母线分段隔离开关时，必须取下母联断路器、分段断路器的直流操作保险，以防止带负荷拉合隔离开关。

4）操作隔离开关前，应检查断路器确在断开位置，并取下直流操作保险，以防止在操作隔离开关过程中，误跳或误合断路器造成带负荷拉合隔离开关事故。

5）在继电保护故障的情况下，应取下断路器的直流操作保险，以防止断路器误跳或误合而造成停电事故。

6）油断路器缺油或无油时，应取下断路器直流操作保险，以防止系统中发生故障而跳开该断路器时，造成断路器爆炸。这是因为油断路器缺油时其灭火能力减弱，不能切断故障电流。此时如有母联断路器，可由母联断路器代替其工作。

（9）倒闸操作必须有两人进行，其中应有对设备熟悉者作监护人。操作中应穿戴合格的安全防护用具和工具，以防止因安全防护用具不合格而在工作中造成人身和设备事故。

七、几种常见设备操作的要求

1. 隔离开关的操作

（1）在拉合闸时必须用断路器接通和断开负荷电流，绝对不能用隔离开关切断负荷电流。

（2）手动合隔离开关时必须迅速果断，但合到底时不能用力过猛，以防合过头及损坏绝缘子。在合闸时如发生弧光，说明已误操作，应将隔离开关迅速合上，不得再行拉开。因为带负荷拉隔离开关会使弧光扩大，损坏更加严重。这时只能用断路器切断该回路后，才允许将误合的隔离开关拉开。

（3）隔离开关经操作后，必须检查其开、合的位置。因为有时由于操作机构有问题或调整得不好，可能出现操作后未全断开或未合上的情况。

（4）在倒母线时，隔离开关的拉合步骤是先逐一合上需要转换至一段母线的隔离开关，然后逐一拉开另一段母线上运行的隔离开关。这样可以避免频繁合开而造成的误操作。但根据变电站配电装置的布置情况，为了缩短操作过程，避免往返奔跑，影响操作进度，也可以合一组隔离开关、拉一组隔离开关，完成一组电气设备的倒闸操作后，再进行另一组隔离开关的操作。

2. 断路器的操作

断路器具有接通及断开负荷电流和切断短路电流的功能，因此可以用它接通和断开有负荷的电流回路。

（1）在合闸时，首先检查断路器确实是在断开位置，并且母线侧和负荷侧隔离开关都已合上，才能合上断路器。拉闸时，应首先检查隔离开关在合闸位置，然后断开断路器。

（2）一般情况下断路器不允许带电手动合闸。这是因为手动合闸速度慢，易产生电弧。

（3）遥控操作断路器时，扳动控制开关不能用力过猛，以免损坏控制开关；也不要返回太快，以防止断路器合闸后又跳闸。

（4）断路器经操作后，应检查与其有关的信号及测量仪表的指示，以判别断路器动作的准确性。但不能只从信号灯及测量仪表的指示来判断断路器实际的分、合位置，还应到现场检查断路器的机械位置指示器来确定其实际的分、合位置。

3. 高压熔断器的操作

高压熔断器通常安装在隔离开关附近，采用绝缘杆单相操作。高压熔断器的操作和隔离开关一样，不允许带负荷拉、合。如发生误操作，产生的电弧会危及人身及设备的安全。

为了防止拉熔断器时产生的弧光对另一相的影响，水平和三角排列的熔断器操作顺序为：先拉中间相，后拉两边相；有风时，先拉中间相，再拉下风相，最后拉上风相熔断器。

八、常见的倒闸操作

1. 输电线路的倒闸操作

（1）送电操作。

输电线路的送电操作的正确顺序应从母线侧开始。送电前必须检查接地开关在断开位置或临时接地线已拆除，再检查断路器确实在断开位置后，先合上母线侧隔离开关，后合上负荷侧隔离开关，再合上断路器。

（2）停电操作。

停电操作的顺序和送电操作的顺序相反，应先从负荷侧开始（即先断开断路器，并检查断路器确实在断开位置，再拉开负荷侧隔离开关，最后拉开电源侧隔离开关）。

在线路停电前应停用线路重合闸装置，并断开与其断路器跳闸有连锁作用的连接线。线路停电后应挂上临时接地线或接地开关，并设置警告牌等安全措施。

2. 变压器的倒闸操作

（1）双绕组主变压器投入运行时，应先合上电源侧隔离开关，然后再合上负荷侧的隔离开关；断路器先合电源侧断路器，后合负荷侧断路器；停用变压器时，先切断负荷侧断路器，后切断电源侧断路器，顺序和投入时相反；因为从电源侧逐级送电，如发生故障便于按送电范围检查、判断和处理。在多电源的情况下，按上述顺序停电，可以防止变压器反充电。若停电时先停电源侧，遇有故障可能造成保护误动或拒动，延长故障切断时间，扩大故障停电范围。

（2）对于三绕组变压器的启用和停用，其操作原则与双绕组变压器相同。送电时按照先送电源后送负荷的原则，停电时按照先停负荷后停电源的原则。

（3）根据过电压规程的要求，220kV 双绕组变压器从高压侧充电时，其中性点的接地开关必须合上，或经间隙接地；220/110/35kV 三绕组变压器从 220kV 侧充电时，220kV 侧中性点和 110kV 侧中性点的隔离开关都必须合上；若从 110kV 侧充电时，220kV 侧中性点隔离开关也必须合上，或经间隙接地，以避免形成中性点不接地的电力网。这是因为当断路器非全相合闸时，在变压器中性点上出现的过电压将威胁变压器中性点的绝缘，所以中性点应接地。

3. 母线的倒闸操作

为了对母线进行定期检修和清扫，或在运行中发生母线隔离开关故障而需要检修时，必须将故障母线停电，使备用母线投入工作，因此需要进行母线的倒闸操作。倒母线的操作应按热备用运行的操作步骤进行。

某双母线接线，Ⅰ段母线运行，Ⅱ段母线热备用。在检修工作母线Ⅰ时，必须将所有电源和线路切换到热备用母线Ⅱ上，因此，首先要检查热备用母线是否完好。其方法是先合上母联断路器向热备用母线充电 3～5min，并对热备用母线进行外部检查；若热备用母线绝缘不良或有接地短路，则继电保护动作，自动跳开母联断路器，而原运行状态并不因此被破坏。进行上述操作前值班人员应调整继电保护装置的动作电流和时限，其整定值应尽可能小，以便当热备用母线故障时，母联断路器能尽快跳闸。如果备用母线完好，母联断路器就不会跳闸，然后将继电保护整定值调整至原值并切断母联断路器的操作电源，即取下直流操作熔断器，以免在倒母线的过程中，因断路器过负荷或误跳闸等原因，引起带负荷拉合隔离开关。

在母联断路器接通状态下，对每一回路先合上热备用母线Ⅱ上的隔离开关，再拉开工作母线Ⅰ上的隔离开关。这是因为备用母线和工作母线侧两组隔离开关的切换操作，是在两组母线等电位的情况下进行的，不切断负荷电流，就不会产生电弧，因而也就不会对工作人员和设备产生危险。

母线倒闸操作工作完成后，将母联断路器及两侧隔离开关断开，使工作母线不带电。经验电确认无电压后，在两侧挂上临时接地线或合上接地刀闸，并设置警告牌等安全措施，便可在退出的母线上或其隔离开关上进行检修作业。

九、防止误操作的组织措施

防止误操作的组织措施包括核对命令制、操作票制、图板演习制、监护—唱票—复诵制和检查汇报制，合称操作"五制"。

核对命令制。调度员发出操作命令，应首先和受令人互报姓名。发令应准确清晰，受令人应复诵操作命令内容，得到发令人的认可。发令、复诵及执行情况汇报，各环节发、受令双方都必须录音，并作好记录。

操作票制是操作"五制"的核心内容，前面已有详细论述，这里不再赘述。

图板演习制是指将已拟好的操作票，由监护人会同操作人，在模拟图板上进行模拟操作，对照接线图和当时的运行方式，按照操作票顺序，逐项核对设备名称、编号、操作顺序等应无错漏。

监护—唱票—复诵制规定，倒闸操作必须由两人执行，其中对设备较熟悉者作为监护人。操作中监护人按照操作票填写的顺序，逐项发布操作命令，即唱票，并核对操作对象名称、编号实际状态和操作人复诵操作项目无误后执行一个操作动作。每操作完一项，应检查无误后操作该项做一个"√"记号。

操作任务全部完成后进行复查，向调度汇报，并作好记录，已完成的操作票注明"已执行"字样，并保存一年。

十、防止误操作的技术装置

凡装置的动作取决于另一装置的动作，就称为另一装置对该装置的连锁，该装置与另一装置一起称为连锁装置。

有的安全连锁装置安装在各设备之间，保证各有关设备按一定操作顺序操作。例如油断路器和隔离开关操作机构之间的连锁装置，能保证在送电时只有先合上隔离开关才能合上油断路器；停电时只有先拉开油断路器才能拉开隔离开关。这样就防止了带负荷拉开隔离开关造成弧光短路。这种执行安全程序的安全连锁装置称为防误操作闭锁装置。

针对常见的五种误操作，要求闭锁装置应具有"五防"功能，即通过技术手段实现：防止误分、合断路器（开关）；防止带负荷拉合隔离开关（刀闸）；防止带电挂接地线；防止带地线送电和防止误入带电间隔。在电气设备上加装防误操作闭锁装置，就是防止误操作的主要技术措施。

目前使用的防误闭锁装置主要有三大类，一类是机械闭锁，一类是电磁闭锁，还有就是微机闭锁。目前通用的是电磁闭锁，最先进的是微机闭锁。

（一）机械闭锁

机械闭锁又分为直接机械闭锁和间接机械闭锁两种形式。

直接机械闭锁是用各种机械零件的相互配合达到执行安全操作的目的。例如在6～10kV开关柜上，通过传动杆可以将油断路器的开、合位置反应到上、下隔离开关的闭锁上，只有断开断路器后，才能解除对隔离开关的闭锁，继续操作隔离开关。只有在两侧隔离开关打开后，锁着前网门的机构才会打开，保证工作人员不至于误入未停电的柜内。开关柜内配有专用的接地桩头，打开网门后才能接地，接地后又顶住网门不能关闭，网门关不上则隔离开关不能合上，隔离开关合不上时断路器又被顶死，保证了不带地线合刀闸和带负荷合刀闸。这一系列的闭锁功能全是由机械传动杆和一些特殊零件互相配合实现的。

机械闭锁的优点是闭锁可靠，操作简便，在室内开关设备上应用广泛；缺点是远距离闭锁难以实现。

机械间接闭锁有红绿翻牌、钥匙盒、机械程序锁等几种。红绿翻牌装于模拟图板和开关的控制把手上，用于防止误分误合断路器。钥匙盒用于某一种远距离操作的程序控制，如断路器断开后，机构位置变化，才能取出小盒中的钥匙去开隔离开关的挂锁。钥匙盒因功能不完善，现已基本不再采用。

机械程序锁的优点是解决了远距离闭锁的问题，同时造价低，安装方便，适用于老设备的改造。程序锁有一组锁群，锁群中各锁的开启是按一定程序进行的。如国内生产的 JSN 型程序锁的操作特点是：锁体上仅有一个钥匙孔，操作某一程序时旋转钥匙，锁栓开启，同时锁体将钥匙上转盘移动某一角度。操作完成后拔出钥匙，此时钥匙只能插入下一编号的锁体，而不能插入其他锁中。整个操作过程中只有一把钥匙，减少了换钥匙的麻烦，又保证了操作顺序严格按照预定的程序执行。

（二）电磁闭锁

电磁闭锁是目前使用比较广泛的闭锁装置，是利用电磁铁来控制锁栓的电磁机械锁。由磁铁的线圈回路串接需要进行闭锁的设备触点；闭锁状态时，线圈不带电，衔铁卡住锁栓；当符合操作条件时，电磁铁通电动作，衔铁移动，释放锁栓，才能进行操作。例如隔离开关上安装的电磁锁，其电磁铁线圈中串入了断路器的辅助触点，断路器在断开位置时，辅助触点接通，电磁锁中电磁线圈带电，衔铁吸动，闭锁解除，隔离开关才能拉开。

电磁闭锁装置的缺点是：需要直流电源，增加维护困难；大量敷设电缆，所需费用较高。

（三）微机防误闭锁

微机防误闭锁装置具有技术先进、功能强、使用维护方便等优点，是防误闭锁的发展方向。

微机防误闭锁有多种型号，其共同的特点是以微机模拟盘为核心，在微机模拟盘中预存了厂站所有设备的操作规则。模拟盘上所有模拟元件都有一对触点与主机相连，当运行人员在模拟盘上预演操作时，若操作正确，发出表示正确的信号；若操作错误，将发出报警信号并通过显示器显示错误操作的设备编号。预演结束后，打印机可打印出操作票。打印结束后，运行人员即可操作设备。微机防误闭锁可以远方控制，也可现场操作，功能完善。

尽管目前大部分变电站都采取了防止误操作的措施，但误操作现象仍不时发生。

【案例 2－8】　某高压供电公司 500kV 某变电站误操作事故

［事故经过］

某年 2 月 10～11 日，某高压供电公司 500kV 某变电站按计划进行 4 号联络变压器综合检修。11 日 16：51 分，综合检修工作结束，华北网调于 17：11 向某站下令，对 4 号联络变压器进行送电操作。某站值班人员进行模拟操作后正式操作，操作票共 103 项。17：56 分，在操作到第 72 项时，5021－1 隔离开关 A 相发生弧光短路，500kV I 母线母差保护动作，切除 500kV I 母线所联的三台开关。

[事故原因及暴露问题]

本次事故的主要原因是由于操作 5021－17 刀闸时 A 相分闸未到位，操作人员又没有严格执行"倒闸操作有关规定"，未对接地刀闸位置进行逐相检查，未能及时发现 5021－17 刀闸 A 相没有完全分开，造成 5021－1 隔离开关带接地刀合主刀，引发 500kVⅥ 母线 A 相接地故障。

【案例 2－9】　某供电公司 220kV 某变电站误操作事故

[事故经过]

某年 2 月 27 日，某供电公司 220kV 某变电站进行 2 号主变压器及三侧开关预试，35kV Ⅱ 母预试，35kV 母联开关的 301－2 刀闸检修等工作。工作结束后在进行"35kVⅡ母线由检修转运行"操作过程中，21：07，两名值班员拆除 301－2 刀闸母线侧地线（编号 20），但并未拿走而是放在网门外西侧。21：20，另两名值班员执行"35kV 母联 301 开关由检修转热备用"操作，在执行 35kV 母联开关301－2刀闸开关侧地线（编号 15）拆除时，想当然认为该地线挂在 2 楼的穿墙套管至 301－2 刀闸之间（实际挂在 1 楼的 301 开关与穿墙套管之间），即来到位于 2楼的 301 间隔前，看到已有一组地线放在网门外西侧（某站 35kV 配电设备为室内双层布置，上下层之间有楼板，电气上经套管连接。由于楼板阻隔视线，看不到实际位于 1 楼的地线），误认为应该由他们负责拆除的 15 号地线已被别人拆除，也没有核对地线编号，即输入解锁密码，完成"五防"闭锁程序，并记录该项工作结束，造成 301－2 刀闸开关侧地线漏拆。21：53，在进行 35kV Ⅱ 母线送电操作，合上 2 号主变压器 35kV 侧 312 号开关时，35kV Ⅱ 母母差保护动作跳开 312 号开关。

[事故原因及暴露问题]

事故的主要原因是现场操作人员在操作中未核对地线编号，未清点接地线组数，误将已拆除的 301－2 母线侧接地线认为是 301－2 开关侧地线，随意使用解锁程序，致使挂在 301－2 刀闸开关侧的 15 号接地线漏拆。该变电站未将跳步密码视同解锁钥匙进行管理，值班员能够随意使用解锁程序，使"五防"装置形同虚设，是事故发生的又一重要原因。

【案例 2－10】　某电力安装公司施工违章造成电气化铁路停运事故

[事故经过]

某年 3 月 8 日，某省电力安装公司送电二分公司在某境内进行 500kV 某直流冰灾改造施工。某直流输电线路 1631 号和 1632 号塔跨越电气化铁路。当日的工作任务是在原 1632 号塔附近组立新塔，在老塔上没有作业。1630 号和 1631 号塔间导线 3 月 6 日已按方案松线落地并断开，导线固定在 1631 号塔小号侧地锚上。3 月 8 日下午 14：05，在跨越段没有任何施工作业的情况下，位于铁路旁的 1632 号铁塔塔头部分扭曲倒塌，左相导线和地线下落过程中将电铁贯通线和自闭线砸断，导地线落在铁路接触线上，造成铁路停运。经紧急抢修，下午 15：22 分铁路恢复正常运行。此次事故共影响 14 趟列车正常运行。

[事故原因及暴露问题]

事故的直接原因是 1631 号塔左相导线小号侧地锚制造质量不良，与拉盘连接的拉环断裂导致锚线拔出，导线向大号侧跑线，1632 号塔因不平衡扭力塔头部分扭曲倒塌。事故的另一原因是管理人员、作业人员违章，没有按审批的施工方案施工，既没有按照施工方案选择适当的地锚，对地角度又超过施工方案规定角度，造成地锚承受的上拔力及铁塔承受的下压力增大，拉环断裂。

【案例 2-11】　某供电局 220kV 某变电站误操作事故

[事故经过]

某年 3 月 9 日，按工作计划某供电局 220kV 某变电站吉沙线 13113 间隔停电，进行更换电流互感器工作。10：19，变电站运行人员开始执行某变吉沙线 13113 断路器由冷备用转检修操作令。10：35 两人在 13113-1 隔离开关处进行挂接地线工作时，误将本应挂在 13113-1 隔离开关断路器侧的接地线挂向母线侧 B 相引流线，引起 110kV Ⅰ母对地放电，110kV 母差保护动作。事故造成损失负荷 4.7 万 kW，少送电量 9550kWh。

[事故原因及暴露问题]

事故的主要原因是作业人员未认真核对设备带电部位，未按倒闸操作程序，对 13113-1 隔离开关断路器侧逐相验电完毕后，却误将接地线挂向带电的母线侧 B 相引流线。操作人员工作时，监护人未履行操作全过程监护职责，低头拿接地线去协助操作人，导致操作人员在失去监护的情况下盲目操作，是事故的又一原因。

❓ 思考与练习

一、填空题

1. 电气设备的状态可分为_____、_____、_____三种。

2. 倒闸操作可分为_____、_____、_____三种。

3. 在电气设备上加装_____装置，就是防止误操作的主要技术措施。

4. 防止误操作的组织措施包括_____、_____、_____、监护一唱票一复诵制和_____。

5. 目前使用的防误闭锁装置主要有三大类，即_____、_____、

_____。

6. 电磁闭锁是目前使用比较广泛的闭锁装置，是利用_____来控制锁栓的电磁机械锁。

7. _____闭锁装置具有技术先进、功能强、使用维护方便等优点，是防误闭锁的发展方向。它是以_____为核心，在_____中预存了厂站所有设备的操作规则。

二、简答题

1. 什么叫倒闸操作？

2. 对运行操作人员有哪些要求？

3. 填写操作票有哪些注意事项？

4. 在操作票中应填写的内容有哪些？

5. 说明倒闸操作的先后顺序。

6. 哪些操作可以不填写操作票？

7. 什么是操作"五制"？

8. "五防"功能的内容是什么？

课题四　带电作业的安全要求

学习目标

1. 能说明带电作业的基本原理。

2. 知道带电作业一般要求。

3. 知道各种情况下带电作业的安全技术措施。

知识点

1. 带电作业的基本原理。

2. 带电作业一般要求。

3. 带电作业的安全技术措施。

技能点

能够正确进行各种带电作业。

学习内容

带电作业是指在不停电的变电站（发电厂）电气设备和高压架空线路上进行作业。带电作业是一个技术性较强、操作安全水平要求较高的特殊工种，可以降低因设备检修造成停电的几率，提高供电可靠性，增强检修工作的计划性，节省检修时间，因此被各供电部门广泛采用。

一、带电作业的基本原理

带电作业操作方式按作业中人体所处电位可分为地电位、中间电位和等电位三种方式。

（一）地电位作业

地电位作业方式即在作业人员保持与大地同一电位，通过绝缘工具接触带电体的作业。作业过程中作业人员始终处于"地"电位，这时人体与带电体的关系是：大地（人）→绝缘工具→带电体。在地电位作业方式中，通过人体的电流是自高压导体沿绝缘工具经人体至大地的泄漏电流。因人体电阻远小于绝缘工具的电阻，所以泄漏电流主要取决于绝缘工具的绝缘电阻。也就是说，在地电位作业中，选用合格的绝缘工具是保证工作安全的关键所在。例如带电水冲洗作业，如能保持足够大的水柱电阻，限制泄漏电流不大于 1mA，就能保证持水枪操作的人员无触电危险。

（二）中间电位作业

中间电位作业是指作业人员站在绝缘梯（台）上用绝缘工具进行带电作业，人员处于带电体和地之间，人体对带电体和地分别存在一电容，由于电容的耦合作业，人体具有一定的电位，这种作业方式称为中间电位作业方式。这时人体与带电体的关系是：大地→绝缘体→人体→绝缘工具→带电体。该作业方式下，如果绝缘工具→人体→绝缘梯（台）串联阻抗足够大，保证通过人体泄漏电流不大于 1mA，可使作业人员无感电知觉。不过应提醒注意的是，中间电位作业方式，人体处于悬浮电位，如人体突然接触"地"电位，人体上静电感应电荷经接地点泄入大地，会有麻电感觉。根据模拟试验和实际线路杆塔上测量结果表明，作业人员在不穿均压服而对杆塔绝缘的情况下，在 110kV 线路上感应电压最高可达 1000V，在 220kV 线路上最高可达 2000V 左右，这样高的感应电压放电时作业人员会感到刺痛。因此中间电位作业方式应有防止静电感应的措施。

（三）等电位作业

等电位作业是作业人员借助各种绝缘工具对地绝缘后，直接接触带电体进行的作业。如带电更换线路绝缘子串、带电爆压导线等。这时人体与带电体的关系是：带电体（人体）→绝缘体→大地。在人们的一般观念中，电是绝对摸不得的，接触带电体就会发生触电死亡事故，但是这只是问题的一个方面。人体遭受电击伤害程度的主要影响因素是通过人体的电流大小，而不在于人体所处电位的高低。等电位作业过程中，人与"地"之间良好绝缘、人与其他相带电体良好绝缘，而与工作相带电导体保持良好接触，则人体与带电体同电位。我们知道，电阻两端电位差为零，电阻中就没有电流。小鸟能够自由自在地站在高压导线上而不会触电，就是这个道理。从理论上说，等电位作业中通过人体的电流等于零，对人体是安全的。但是不容忽视的是，作业人员在由地电位进入强电场的过程中，对导线和对地都存在着电容，等电位后人体对大地和其他相导体间也存在着电容。所以等电位作业人员无论是刚接触高压导线瞬间，或者接触之后，都有电容电流通过人体。因此等电位作业必须采取分流人体电容电流的有效措施。特别是在转移电位过程中，分流电容电流更为重要。如果措施不完备，作业人员会有麻电感觉。同时，等电位作业中，人员还

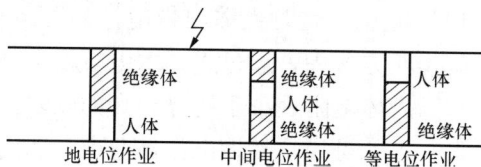

图 2-3　三种作业方式比较

受到高压强电场的作用，人体处于强电场中，在没有屏蔽的部位会感到汗毛的蠕动，好像有被风吹一样的感觉，使人不舒服，所以在等电位作业中还必须采取屏蔽电场的有效措施。三种作业方式的比较见图 2-3。

二、带电作业一般要求

1. 人员要求

（1）带电作业人员应身体健康，无妨碍作业的生理和心理障碍、应具有电工原理和电力线路的基本知识，掌握带电作业的基本原理和操作方法，熟悉作业工具的适用范围和使用方法；通过专门培训，考试合格并具有上岗证。

（2）熟悉《电力安全工作规程》和《线路带电作业技术导则》。

（3）会进行现场急救。

（4）工作负责人（包括安全监护人）应具有 3 年以上的带电作业实际工作经验，熟悉设备状况，具有一定组织能力和事故处理能力，经领导批准后，负责现场的安全监护。

2. 气象条件要求

（1）作业应在良好的天气下进行，如遇雷电（听见雷声，看见闪电）、雪雹、雨雾天气，不得进行带电作业，风力大于 5 级时，一般不宜进行作业。

（2）在特殊或紧急情况下，必须在恶劣天气下带电抢修时，工作负责人应针对现场气象和工作条件，组织有关人员充分讨论，制定可靠的安全措施，经领导审核批准后方可进行。夜间抢修作业应有足够的照明设施。

（3）带电作业过程中若遇天气突然变化，有可能危及人身或设备安全时，应立即停止工作，尽快恢复设备正常状况，或增加临时安全措施。

3. 其他要求

（1）带电作业的新项目、新工具必须经过技术鉴定合格，通过在模拟设备上实际操作，确认切实可行，并订出相应的操作程序和安全技术措施，再经本单位总工

程师批准后方能在运行设备上进行作业。

（2）凡是比较重大或较复杂的作业项目，必须组织有关技术人员、作业人员研究讨论，制订出相应的操作程序和安全技术措施，经本部门技术负责人审核，本单位总工程师批准后方能执行。

三、带电作业的安全技术措施

1. 一般技术措施

（1）地电位带电作业前，人身与带电体间的安全距离不得小于表 2-3 的规定。35kV 及以下的带电设备，不能满足表 2-4 规定的最小安全距离时，必须采取可靠的绝缘隔离措施。

表 2-4　　　　　　　　　　　　人身与带电体间的安全距离

电压等级（kV）	10	35	66	110	220	330	500
距离（m）	0.4	0.6	0.7	1.0	1.8 1.6*	2.2	3.4 3.2**

*　因受设备限制达不到 1.8m 时，经单位主管生产领导（总工程师）批准，并采取必要的措施后，可采用 1.6m 的数值。

**　海拔 500m 以下，500kV 取 3.2m 值，但不适用于 500kV 紧凑型线路。海拔在 500～1000m 时，500kV 取 3.4m 值。

（2）绝缘操作杆，绝缘承力工具和绝缘绳索的有效长度不得小于表 2-5 的规定。

表 2-5　　　　　　　　　　　　绝缘工具的有效长度

电压等级（kV）	有效绝缘长度（m）	
	绝缘操作杆	绝缘承力工具、绝缘绳索
10	0.7	0.4
35	0.9	0.6
66	1.0	0.7
110	1.3	1.0
220	2.1	1.8
330	3.1	2.8
500	4.0	3.7

注　传递用绝缘绳索的有效长度，应按绝缘操作杆的有效长度考虑。

（3）更换绝缘子或在绝缘子串上作业时，良好绝缘子片数不得小于表 2-6 的规定。更换直线绝缘子串或移动导线的作业，当采用单吊线装置时，应采用防止导线脱落的后备保护措施。在绝缘子串未脱离导线前，拆、装靠近横担的第一片绝缘子时，必须采用短接线或穿屏蔽服后方可直接进行操作。

表 2-6　　　　　　　　　良好绝缘子最少片数

电压等级（kV）	35	66	110	220	330	500
片数	2	3	5	9	16	23

（4）在市区或人口稠密的地区进行带电作业时，工作现场设置围栏，严禁非工作人员入内。

2. 等电位作业的安全措施

（1）等电位作业一般在 63（66）kV 及以上电等级的电力线路和电气设备上进行。若需在 35kV 电压等级采用等电位作业时，应采取可靠的绝缘隔离措施。10kV 电压等级的电力线路和电气设备上不得进行等电位作业。

（2）等电位作业人员必须在衣服外面穿合格的全套屏蔽服（包括帽、衣、裤、手套、袜和鞋），且各部分应连接好，屏蔽服内还应穿阻燃内衣。

严禁通过屏蔽服断开或接通接地电流、空载线路和耦合电容器的电容电流。

（3）等电位作业人员对接地体距离应不小于表 2-4 的规定，对邻相导线的距离应不小于表 2-7 的规定。

表 2-7　　　　等电位作业人员对邻相导线的最小距离

电压等级（kV）	35	66	110	220	330	500
距离（m）	0.8	0.9	1.4	2.5	3.5	5.0

（4）等电位作业人员沿绝缘子串进入强电场的作业，只能在 220kV 及以上电压等级的绝缘子串上进行。扣除人体短接的和零值的绝缘子片后，良好绝缘子片数不得小于表 2-6 的规定，其组合间隙不得小于表 2-8 的规定。若组合间隙不满足表 2-8 的规定，应加装保护间隙。

表 2-8　　　　　　　组合间隙最小距离

电压等级（kV）	35	66	110	220	330	500
距离（m）	0.7	0.8	1.2	2.1	3.1	4.0

（5）等电位作业人员在电位转移前，应得到工作负责人的许可，并系好安全带。转移电位时人体裸露部分与带电体的距离不应小于表 2-9 的规定。

表 2-9　　　转移电位时人体裸露部分与带电体的最小距离

电压等级（kV）	35、66	110、220	330、500
距离（m）	0.2	0.3	0.4

（6）等电位作业人员与地面作业人员传递工具和材料时，必须使用绝缘工具或绝缘绳索进行，其有效长度不得小于表 2-5 的规定。

（7）沿导、地线上悬挂的软、硬梯或飞车进入强电场作业应遵守以下几项规定：

1）在连接档距的导、地线上挂梯（或飞车）时，其导、地线的截面的规定为：

钢芯铝绞线和铝合金绞线≥120mm²；

钢绞线≥50mm²。

2）有下列情况之一者，应经验算合格，并经本单位主管生产领导（总工程师）批准后才能进行：①在孤立档的导、地线上的作业；②在有断股的导、地线上的作业；③在有锈蚀的地线上的作业；④在其他型号导、地线上的作业；⑤二人以上在同档同一根导、地线上的作业。

3）在导、地线上悬挂梯子、飞车进行等电位作业前，应检查本档两端杆塔处导、地线的紧固情况。挂梯载荷后应保持地线及人体对导线的最小间距应比表2-4中的数值数大 0.5m；带电导线及人体对被跨越的电力线路、通信线路和其他建筑物的最小距离比表 2-4 的安全距离增大 1m。

4）在瓷横担线路上严禁挂梯作业，在转动横担的线路上挂梯前应将横担固定。

（8）等电位作业在作业中严禁用酒精、汽油等易燃品擦拭带电体及绝缘部分，防止起火。

3. 带电短接设备的安全措施

（1）用分流线短接断路器（开关）、隔离开关（刀闸）、跌落式熔断器（保险）等载流设备，应遵守下列规定：

1）短接前一定要核对相位。

2）组装分流线的导线处必须清除氧化层，且线夹接触应牢固可靠。

3）35kV 及以下设备使用的绝缘分流线的绝缘水平应符合规定。

4）断路器（开关）必须处于合闸位置，并取下跳闸回路熔断器（保险），锁死跳闸机构后，方可短接。

5）分流线应支撑好，以防摆动造成接地或短路。

（2）阻波器被短路前，严防等电位作业人员人体短接阻波器。

（3）短接开关设备或阻波器的分流线截面和两端线夹的载流容量，应满足最大负荷电流的要求。

4. 带电断、接引线作业的安全措施

（1）带电断、接空载线路规定。

1）带电断、接空载线路时，必须确认线路的终端断路器（或隔离开关）确已断开，接入线路侧的变压器、电压互感器确已退出运行后，方可进行。严禁带负荷断、接引线。

2）带电断、接空载线路时，作业人员应戴护目镜，并应采取消弧措施，消弧工具的断流能力应与被断、接的空载线路电压等级及电容电流相适应。如使用消弧绳，则其断、接的空载线路的长度不应大于表2-10的规定，且作业人员与断开点应保持4m以上的距离。

表2-10　　　　　　　　不同电压等级时断、接的空载线路的长度

电压等级（kV）	10	35	63（66）	110	220
长度（km）	50	30	20	10	3

注　线路长度包括分支在内，但不包括电缆线路。

3）在查明线路确无接地，绝缘良好，线路上无人工作且相位确定无误后才可进行带电断、接引线。

4）带电接引线时未接通相的导线及带电断引线时，已断开相的导线将因感应而带电。为防止电击，应采取措施后才能触及。

5）严禁同时接触未接通的或已断开的导线两个断头，以防人体被串入电路。

（2）严禁用断、接空载线路的方法使两电源解列或并列。

（3）带电断、接耦合电容器时，应将其信号开关、接地开关合上并应停用高频保护。被断开的电容器应立即对地放电。

（4）带电断、接空载线路、耦合电容器、避雷器、阻波器等设备时，应采取防止引流线摆动的措施。

5. 带电水冲洗的安全措施

（1）带电水冲洗一般应在良好天气进行，风力大于四级、气温低于-3℃、雨天、雪天、雾天及雷电天气不宜进行。冲洗时，操作人员应戴绝缘手套、穿绝缘靴。

（2）带电水冲洗作业前应掌握绝缘子的脏污情况，当盐密值大于临界盐密值的规定时，一般不宜进行水冲洗；否则，应增大水电阻率来补救。避雷器及密封不良的设备不宜进行带电水冲洗。

（3）带电水冲洗用水的电阻率一般不低于1500Ω·cm，冲洗220kV变电设备时水电阻率不低于3000Ω·cm。每次冲洗前都应用合格的水阻表测量水电阻率，应从水枪出口处取水样进行测量。如用水车等容器盛水，每车水都应测量水电阻率。

（4）以水柱为主绝缘的大、中、小型水冲（喷嘴直径为3mm及以下者称小水

冲；直径为 4～8mm 者称中水冲；直径为 9mm 及以上者称大水冲），其水枪喷嘴与带电体之间的水柱长度不得小于表 2－11 的规定。大、中型水冲水枪嘴均应可靠接地。

表 2－11 　　　　　　　　　喷嘴与带电体之间的水柱长度　　　　　　　　单位：m

喷嘴直径（mm）		3 及以下	4～8	9～12	13～18
电压等级（kV）	63（66）及以下	0.8	2	4	6
	110	102	3	5	7
	220	108	4	6	8

（5）由水柱、绝缘杆、引水管（指有效绝缘部分）组成的小水冲工具，其组合绝缘应满足如下要求：

1）在工作状态下应能耐受规定的试验电压。

2）在最大工频过电压下流经操作人员人体的电流应不超过 1mA，试验时间不小于 5min。

（6）利用组合绝缘的小水冲工具进行冲洗时，冲洗工具严禁触及带电体。引水管的有效绝缘部分不得触及接地体。

（7）带电冲洗前应注意调整好水泵压强，使水柱射程远且水流密集，当水压不足时，不得将水枪对准被冲的带电设备。冲洗用水泵应良好接地。

（8）带电水冲洗应注意选择合适的冲洗方法。直径较大的绝缘子宜采用双枪跟踪法或其他方法，并应防止被冲洗设备表面出现污水线。当被冲绝缘子未冲洗干净时，水枪切勿强行离开，以免造成闪络。

（9）带电水冲洗前要确知设备绝缘是否良好。有零值及低值的绝缘子及瓷质有裂纹时，一般不可冲洗。

（10）冲洗悬垂、瓷横担、耐张绝缘子串时，应从导线侧向横担侧依次冲洗。冲洗支柱绝缘子及绝缘瓷套时，应从下向上冲洗。

（11）冲洗绝缘子时应注意风向，必须先冲下风侧，后冲上风侧，对于上、下层布置的绝缘子应先冲下层，后冲上层。还要注意冲洗角度，严防临近绝缘子在溅射的水雾中发生闪络。

6. 带电爆炸压接的安全措施

（1）带电爆炸压接应使用工业 8 号纸壳火雷管。

（2）为防止雷管在电场中自行起爆，引爆系统（包括雷管、导火索、拉火管）必须全部屏蔽。引爆方式可采用地面引爆和等电位引爆。当采用等电位引爆时，应做到：引爆系统与导线连接牢固；安装引爆系统时，作业人员应始终与导线保持等电位；导火索应有足够的长度，以保证作业人员安全撤离。

（3）炸药爆炸会降低空气绝缘，为了保证安全，应遵守以下规定：

1）爆炸时，爆炸点对地及相间的安全距离应满足表 2-12 的规定。

表 2-12　　　　　　　　　　　　爆炸点对地及相间的安全距离

电压等级（kV）	63（66）及以下	110	220	330	500
距离（m）	2.0	2.5	3.0	3.5	5

2）如不能满足表 2-12 的规定，可在药包外包食盐或聚胺酯泡沫塑料，以减小由于爆炸时造成的空气绝缘能力降低。

（4）爆炸压接时所有工作人员均应撤到距爆炸点 30m 以外，且与雷管开口端反向的安全区。

（5）爆炸压接时，爆炸点距绝缘子、分流线、金属承力工具、绝缘工具的距离应大于表 2-13 的规定，否则应采取保护措施。

表 2-13　　　　　　　　　　　　爆炸点距邻近物的最小距离

邻近物	承力工具及分流线	绝缘子	绝缘工具
距离（m）	0.4	0.6	1.0

（6）若分裂导线间距小于 0.4m，应设法加大距离或采取保护措施。

（7）出现瞎炮时，应按《电力安全工作规程（热力和机械部分）》的有关规定处理。爆炸压接使用的炸药、雷管、导火索、拉火管均为易燃易爆物品，均应按有关规定加以管理。

7. 高架绝缘斗臂车的安全措施

（1）高架绝缘斗臂车应经检验合格。斗臂车操作人员应熟悉带电作业的有关规定，并经专门培训，考试合格、持证上岗。

（2）高架绝缘斗臂车的工作位置应选择适当，支撑应稳固可靠，并有防倾覆措施。使用前应在预定位置空斗试操作一次，确认液压传动、回转、升降、伸缩系统工作正常、操作灵活，制动装置可靠。

（3）绝缘斗中的作业人员应正确使用安全带和绝缘工具。

（4）高架绝缘斗臂车操作人员应服从工作负责人的指挥，作业时应注意周围环境及操作速度。在工作过程中，高架绝缘斗臂车的发动机不应熄火。接近和离开带电部位时，应由斗臂中人员操作，但下部操作人员不得离开操作台。

（5）绝缘臂的有效绝缘长度应大于表 2-14 的规定，并应在其下端装设泄露电流监视装置。

表 2‐14 绝缘臂的最小长度

电压等级（kV）	10	35～66	110	220
长度（m）	1.0	1.5	2.0	3.0

（6）绝缘臂下节的金属部分，在仰起回转过程中，对带电体的距离应按表2‐4的规定值增加0.5m。工作中车体应良好接地。

8. 带电检测绝缘子的安全措施

使用火花间隙检测器检测绝缘子时，应遵守下列规定：

（1）检测前应对检测器进行检测，保证操作灵活，测量准确。

（2）针式及少于 3 片的悬式绝缘子不得使用火花间隙检测器进行检测。

（3）当检测 35kV 及以上电压等级的绝缘子串时，发现同一串中的零值绝缘子片数达到表 2‐15 的规定，应立即停止检测。

表 2‐15 一串中允许零值绝缘子片数

电压等级（kV）	35	66	110	220	330	500
绝缘子串片数	3	5	7	13	19	28
零值片数	1	2	3	5	4	6

注 如绝缘子串的总片数超过表中规定时，零值绝缘子片数可相应增加。

（4）应在干燥天气进行。

9. 低压带电作业的安全措施

（1）低压带电作业应设专人监护。

（2）使用有绝缘柄的工具，其外裸的导电部位应采取绝缘措施，防止操作时相间或相对地短路。工作时，应穿绝缘鞋和全棉长袖工作服，并戴手套、安全帽和护目镜，站在干燥的绝缘物上进行。严禁使用锉刀、金属尺和带有金属物的毛刷、毛掸等工具。

（3）高低压同杆架设，在低压带电线路上工作时，应先检查与高压线的距离，采取防止误碰带电高压设备的措施。在低压带电导线未采取绝缘措施时，工作人员不得穿越。在带电的低压配电装置上工作时，应采取防止相间短路和单相接地的绝缘隔离措施。

（4）上杆前，应先分清相、零线，选好工作位置。断开导线时，应先断开相线，后断开零线。搭接导线时，顺序应相反。人体不得同时接触两根线头。

【案例 2‐12】 使用带有金属物的刷子进行清扫导致电弧灼伤

［事故经过］

某厂电气车间低压班电工袁×，在做备用闸刀的电桩头清扫工作时，使用了带有金属物的油漆刷子，其金属部分没有采取绝缘措施。在清扫过程中，油漆刷子的金属部分触碰到带电部分引起短路，产生弧光，造成袁×右臂被电弧灼伤。

[原因分析]

违反低压电气作业规程，使用带有金属物的毛刷进行清扫工作。

[防范措施]

（1）低压带电作业，严禁使用锉刀、金属工具和带有金属物的毛刷、毛掸等工具。应使用合格的、有绝缘手柄的工具。

（2）带电清扫工作应设有专人监护。

【案例2－13】　违章作业导致触电事故

[事故经过]

2007年1月26日，某电业局高压检修管理所带电班在对停电的110kV鄌牵Ⅰ线衡北支线登杆检查时，工作人和监护人走错杆位，登杆前未仔细核对杆号，监护人未认真履行监护职责，致使工作人误登相距约250m的另一条平行带电110kV线路杆塔，触电坠落死亡。

2007年2月7日，某供电公司送电工区带电班进行330kV凉金Ⅱ线路180号塔中相导线防震锤脱落带电消缺工作，作业前未进行组合间隙距离验算，绝缘软梯挂点选择不当，带电作业安全距离不满足等电位作业最小组合间隙距离要求，造成等电位作业人员在沿绝缘软梯进入强电场时，带电导线经人体对铁塔放电，触电坠落死亡。

[事故原因及暴露问题]

以上两起事故直接原因是人员违章，但暴露出多方面管理问题。"1·26"事故，线路杆塔标识混乱，3年前更改线路运行编号时未将原线路编号清除，新旧编号共存，影响杆号辨识；带电班检修人员不熟悉现场环境，在山区丘陵地带走错杆位；标准化作业指导书不符合实际，缺乏有效的危险点预防控制措施。"2·7"事故，带电作业管理不规范，审批程序不严肃；规章制度和操作规程及带电作业工作票的安全、技术措施不落实；工作人员对塔型有关参数不清楚，凭经验冒险操作；带电作业作为高危险工作，工区管理人员未到场监督，工作组织不力。

❓ 思考与练习

一、填空题

1. 带电作业操作方式按作业中人体所处电位可分为＿＿＿＿、＿＿＿＿和＿＿＿＿三种方式。

2. 在地电位作业中，选用＿＿＿＿是保证工作安全的关键所在。

3. 等电位作业是作业人员借助＿＿＿＿对地绝缘后，直接接触＿＿＿＿进行的作业。

二、判断题

1. 中间电位作业方式。这时人体与带电体的关系是：大地（人）→绝缘工具→带电体。   （   ）

2. 在等电位作业中不用采取屏蔽电场的措施。   （   ）

三、简答题

1. 什么叫带电作业？为什么要带电作业？

2. 对带电作业人员有哪些要求？

3. 带电作业的一般安全技术措施有哪些？

4. 等电位作业的安全措施有哪些？

5. 带电短接设备的安全措施有哪些？

6. 带电断、接引线作业的安全措施有哪些？

7. 带电水冲洗的安全措施有哪些？

8. 高架绝缘斗臂车的安全措施有哪些？

9. 带电检测绝缘子的安全措施有哪些？

10. 低压带电作业的安全措施有哪些？

课题五　高处作业的安全要求

学习目标

1. 了解高处坠落的原因。

2. 知道高处作业的安全要求。

3. 知道防止坠落物打击伤亡的规定。

知识点

1. 高处坠落的原因。

2. 高处作业人员（含工作负责人）应具备的条件。

3. 高处作业一般知识。

4. 高空作业的规定。

5. 防止坠落物打击伤亡的规定。

技能点

会进行高处作业。

学习内容

在电力系统的企业里，高处作业是比较普遍的一种作业方式。因作业场地的特定条件限制，高处坠落危险性较大，发生事故概率比较高。这种事故规律告诉人们：参加高处作业的每位成员尤其是工作负责人，对每次高处作业，都要有安全生产的高度责任感；每个成员都应熟练掌握安全操作技能和专业安全技术。严格执行《电力安全工作规程》等规章制度是防止高处坠落的重要保证。

一、高处坠落的原因

在供电、基建企业里线路专业的立杆、塔、架线维护检修等，都要进行高处作业。有的作业人员对高处作业不在乎，注意力不集中或不遵守《电力安全工作规程》中关于高处作业的规定，从而发生了高处坠落事故。据统计，常见的高处坠落原因有：触电后高处坠落；高处作业移位时失去安全带保护；高处作业未系安全带；高处作业的护栏或护板不符合安全要求；作业工器具放置不当；传递工器具不当；高处作业方法不当；不按规定佩戴防护用品；使用移动梯子不合格；作业梯子放置不当；作业时移动梯子无专人扶梯；高处作业行走滑绊，监护人不到位或无人监护等。这些原因造成的事故都是惨痛的，都给社会、家庭、个人和亲人带来不必要的损失和痛苦。

为了预防意外，保障电力企业高处作业安全，对工作人员，尤其是工作负责人本身及他们在高处作业时应掌握的基本知识提出了要求。

二、高处作业人员（含工作负责人）应具备下列条件

（1）从事高处作业人员必须经医师鉴定身体合格。凡患有精神病、高血压、惧怕高空心理等病症人员，不准参加高处作业。凡发现工作人员有饮酒、精神不振时，禁止登高作业。

（2）高处作业人员熟练掌握安全带、安全工器具、脚扣、移动梯子的性能，能判别是否完好，并能正确使用和保管。

（3）脚手架必须由经过专门培训合格持证上岗的专业架子工搭、拆。

（4）作业人员应学会现场急救和触电急救—心肺复苏法。

三、高处作业的一般安全要求

（1）凡在离地面（坠落高度基准面）2m及以上的地点进行的工作，都应视做高处作业。

（2）高处作业时，安全带（绳）应挂在牢固的构件上或专为挂安全带用的钢架或钢丝绳上，并不得低挂高用，禁止系挂在移动或不牢固的物件上〔如避雷器、断路器（开关）、隔离开关（刀闸）、互感器等支持不牢固的物件〕。系安全带后应检查扣环是否扣牢。

（3）上杆塔作业前，应先检查根部、基础和拉线是否牢固。新立杆塔在杆基未完全牢固或做好临时拉线前，严禁攀登。遇有冲刷、起土、上拔或导地线、拉线松动的杆塔，应先培土加固，打好临时拉线或支好杆架后，再行登杆。

（4）登杆塔前，应先检查登高工具和设施，如脚扣、升降板、安全带、梯子和脚钉、爬梯、防坠装置等是否完整牢靠。禁止携带器材登杆或在杆塔上移位。严禁利用绳索、拉线上下杆塔或顺杆下滑。

上横担进行工作前，应检查横担连接是否牢固及腐蚀情况，检查时安全带（绳）应系在主杆或牢固的构件上。

（5）在杆塔高空作业时，应使用有后备绳的双保险安全带，安全带和保护绳应分挂在杆塔不同部位的牢固构件上，应防止安全带从杆顶脱出或被锋利物损坏。人员在转位时，手扶的构件应牢固，且不得失去后备保护绳的保护。220kV 及以上线路杆塔宜设置高空作业工作人员上下杆塔的防坠安全保护装置。

（6）高处作业应使用工具袋，较大的工具应固定在牢固的构件上，不准随便乱放。上下传递物件应用绳索拴牢传递，严禁上下抛掷。

在高处作业现场，工作人员不得站在作业处的垂直下方，高空落物区不得有无关人员通行或逗留。在行人道口或人口密集区从事高处作业，工作点下方应设围栏或其他保护措施。

杆塔上下无法避免垂直交叉作业时，应做好防落物伤人的措施，作业时要相互照应，密切配合。

（7）在气温低于零下 10℃时，不宜进行高处作业。确因工作需要进行作业时，作业人员应采取保暖措施，施工场所附近设置临时取暖休息所，并注意防火。高处连续工作时间不宜超过 1h。

在冰雪、霜冻、雨雾天气进行高处作业，应采取防滑措施。

（8）在未做好安全措施的情况下，不准在不坚固的结构（如彩钢板屋顶）上进行工作。

（9）梯子应坚固完整，梯子的支柱应能承受作业人员及所携带的工具、材料攀登时的总重量，硬质梯子的横档应嵌在支柱上，梯阶的距离不应大于 40cm，并在距梯顶 1m 处设限高标志。梯子不宜绑接使用。

（10）在杆塔上水平使用梯子时，应使用特制的专用梯子。工作前应将梯子两端与固定物可靠连接，一般应由一人在梯子上工作。水平使用普通梯子应经过验算、检查合格。

（11）在架空线路上使用软梯作业或用梯头进行移动作业时，软梯或梯头上只准一人工作。工作人员到达梯头上进行工作和梯头开始移动前应将梯头的封口可靠封闭，否则应使用保护绳防止梯头脱钩。

【案例 2-14】　自我防护意识差，高空坠落身亡

［事故经过］

某供电公司曾发生一次配电工人在为市电话局的公用电话亭接220V电源时坠落死亡案例。工作中，龙×一人登上市内某电杆准备接电源，梯子高6m，因位置不便，龙×开安全带换位时，不慎从6m高处摔下，经抢救无效死亡。

[事故原因及暴露问题]

此项作业违反了《电力安全工作规程》（线路）中"低压带电作业应设专人监护"的规定。一人登杆作业而无人监护是事故发生的主要原因。

龙×登杆后发现位置不当，转位时违反《电力安全工作规程》（线路）"在杆上作业转位时，不能失去安全带的保护"的规定。龙某转位时解开了安全带，从6m高处摔下，是发生事故的直接原因。

龙×在登杆作业时没戴安全帽，摔下来时加重了伤害程度，违反《电力安全工作规程》（线路）"在杆、塔上工作，必须使用安全带和安全帽"的规定，是龙×致死的重要因素。

[防范措施]

（1）低压带电作业或在低压杆上工作，都必须至少两人执行，一人监护，一人操作，越是简单工作，越要重视人身安全，绝不可疏忽大意。

（2）作业人员头脑中必须时刻清醒，时刻注意"高空换位不能失去安全带的保护"，只有这样才能保证自己生命的安全。

四、防止坠落物打击伤亡的规定

防止坠落物体打击伤亡事故的发生，应按下列规定规范行为：

（1）高处作业一律使用工具袋。较大的工具应用绳拴在牢固的构件上，不准随便乱放，以防止从高空坠落发生事故。

（2）传递工具、材料要用绳系牢后往上吊送或往下传递。严禁上抛下掷，以免打伤下方他人或击毁脚手架等物。

（3）在进行高处作业时，或传递工具材料，或吊车起吊时的吊臂下，除作业人员外，不准他人在工作地点下面通行或逗留，工作地点下面应设置围栏或装设其他保护装置。严禁工作班成员嬉戏打闹。若在格栅式的平台上工作，应铺设木板，以防工具和器材掉落。

（4）高处作业均须先搭建脚手架或采取其他防止坠落措施，方可进行。

（5）现场人员必须戴安全帽。上下层同时进行工作时，中间必须搭设严密牢固的防护板、罩棚或其他隔离设施。

（6）在城市区或局（厂区）内进行高处作业，其高处废料垃圾放在废料垃圾箱（或袋）或从废料垃圾通道倒下去。

（7）施工现场需拆卸设备引线时，必须先用绳索将所拆电线绑牢，防止电线自由下落，打伤人、物。

（8）多人共同搬运或装卸较大重物时，应有人统一指挥，搬动步调应一致，必要时设专人进行监护。

【案例 2－15】　违反《电力安全工作规程》传递工具，使人感电致伤

［事故经过］

某电力公司一次送电工区带电班栾某等三人去某 35kV 线路 25 号杆装管型避雷器接地线，工作班成员张某在杆上工作，当他取备用螺丝时，用腿夹着的接地线脱落，触碰下面的带电导线，造成下面用手把着接地线的王某感电致伤。

［事故原因及暴露问题］

（1）作业人员在传递工具时，未按《电力安全工作规程》（线路）中"杆上人员应防止掉东西，使用工具、材料，应用绳索传递"的规定。作业过程中，接地线脱落与下边的带电导线触碰放电，是发生事故的直接原因。

（2）这次作业中接地线的传递，是在带电线路上工作，没严格按《电力安全工作规程》（线路）"带电作业"中"……地面作业人员传递工具和材料时，必须使用绝缘工具或绝缘绳索进行"的规定，用手直接把持着接地线是发生事故的主要原因。

［防范措施］

此事故是由于作业人员违反《电力安全工作规程》（线路）中有关规定，在作业工具传递、放置过程中发生的。因此，工作班成员在传递、放置工具、材料过程中，要认真做到以下几点：

（1）作业现场需要传递工具、材料时，首先查看现场周围环境，是全部停电还是临近有带电线路，如在带电线路附近传递工具、材料时，必须使用绝缘工具或绝缘绳索进行。特别是像传递接地线时，更应防止触及带电导线，应将接地线捆绑整齐、牢固。传递人员除应使用绝缘工具或绝缘绳外，还应戴绝缘手套，防止人体直接触碰接地线，整个传递过程均应在监护人监护下进行。无监护人在场监护决不允许擅自进行传递。

（2）传递到杆上的工具、材料，应放置在可靠和稳定的位置上，必要时应用绳索绑好，防止从杆上掉下来触碰带电导线或砸伤下面人员。

五、使用移动梯子的几项要求

如工作任务能在较短的时间里完成，而且工作条件允许时可使用移动梯子。使用梯子注意事项如下：

1. 工作前要选用合格梯子

（1）如果选用人字梯，它应有坚固的铰链或限制开度的装置。

（2）如果选用直梯，框架牢固不变形、完整，各部件无缺损，尤其是金属直梯和延伸梯子要有安全角。不准使用钉子钉成的梯子。梯阶的距离不应大于 40cm。

（3）如果靠在管子上使用梯子，其上端须有挂钩或备用绳索去绑牢。

（4）通往一层地面或平台所使用的梯子至少应高出（距）地面或平台 1m。

（5）严禁将几个梯子连接在一起做成一个长梯子使用。

2. 使用梯子要搁置稳固

（1）使用直梯与地面的夹角度应为 60°左右为宜，使梯子稳固要有可靠的防滑措施，不可使其动摇。

（2）若使用梯子放在水泥或光滑或坚硬的地面时，须用绳索将梯子下端与固定物缚住（有条件可在其下端放置橡胶套或橡胶布）。

（3）若使用梯子是放在木板或泥土地上时，其下端应装有带尖头的金属物，或用绳索将梯子下端与固定物缚牢。

（4）若采用上述方法仍不能使梯子稳固时，可派专人扶梯。

（5）禁止把梯子架设在木箱等不稳固的支持物上或容易滑动的物体上使用。

3. 在梯子上作业时的注意事项

（1）在通道上使用梯子作业时，应设监护人或设置临时围栏。若梯子在门后，要采取防止门被突然开启的防护措施。

（2）人在梯子上作业时，禁止移动梯子。经常挪动梯子以免伸得过长。

（3）登在人字梯上作业时，不应采取骑马式站立，以防人字梯两脚自动滑开时造成事故。

（4）在移动梯子上工作时应使用工具袋。上下梯子要面向梯子并用双手扶持，禁止拿物件上下，或上下抛递物件。

（5）禁止两人同时站在一个梯子上工作。梯子的最高两档禁站人。

（6）金属梯子不能用于电工作业或者在能够接触到带电体的区域内使用。

（7）在梯子上作业时，梯顶一般不低于作业人员的腰部，或作业人员应站在距梯顶不小于 1m 的横档上作业，切忌站在梯子的最高处或上面、二级横档上作业，以防朝后仰面摔下。

（8）在带电区域，搬运长梯子应平放，且有两人进行。

【案例 2-16】　高处作业，移动梯子放置不当，坠落致伤

［事故经过］

某电力公司送电工区带电班班长孔某，在进行 66kV 线路工程施工中，登梯子撤电源时，由于本人将梯子放置位置不当、不牢固，又无人扶梯，当电源线突然下落时，孔某从 6m 高处被挂下坠地，造成右脚胫腓骨和右踝关节挫伤。

［事故原因及暴露问题］

班长孔某自行立梯子上去撤电源线，没有遵守《电力安全工作规程》（线路）中"应先检查梯子是否完整牢靠"和"使用梯子时，要有人扶持或绑牢"等规定，因而在撤电源线时，被突然落下的电源线刮下，从 6m 高处坠落致伤，是发生该事故的直接原因。

［防范措施］

（1）作业人员多数是由于条件所限才使用移动梯子，但使用梯子前应检查梯子是否完好可靠，使用中要采取防滑防倒措施，必要时设专人扶梯，并在监护下进行作业。

（2）作业人员在作业前，查看周围环境，电源线是否带电，是否会脱落等危险因素，针对现场的实际情况，采取有效的防范措施。

【案例 2-17】 绝缘竖梯绑扎方法不当，梯子折断摔伤

［事故经过］

某供电公司送电带电班在某 66kV 线路 43 号～44 号杆之间，采用绑扎方法处理导线断股。按规定要求，不能使用软梯，便决定使用长 2.6m 的绝缘硬梯，并在下端连接 7.6m 长的竹梯以满足作业高度要求，还在绝缘梯上端第二节处（距顶端约 0.6m）做了四方拉绳，但其下端未固定，仅用人拉住。当导线断股绑扎完以后，工作负责人命令调整拉绳，由于西南侧拉绳松得太多，站在绝缘梯上端的作业人员随之倾斜，使绝缘梯上端 0.5m 处朝东北侧折断，等电位作业人员随断梯摔落地面，造成骨裂。

［事故原因及暴露问题］

（1）在进行导线断股处理时，由于绝缘硬梯高度不够，便在下边接了一个竹梯，这严重违反了《带电作业操作导则》规定的"……禁止使用不合格的和非专用的工具进行带电作业。工具的电气、机械性能与所应用的设备相适应、不得以低代高，凑合使用"的规定。不规范作业造成梯子折断，是发生事故的重要原因。

（2）《带电作业操作导则》中规定："使用直立竖梯应根据梯高设置一层或两层拉绳。每层拉绳宜采取四条对拉为好。"本次作业竖梯高度超过 10m，没有按规定采取两层拉绳，而是采取了一层拉绳。拉绳的下端用人拉来代替地面上的固定点，致使拉线受力不均，固定不牢，是发生事故的主要原因。

（3）工作负责人没有负起《电力安全工作规程》（线路）中规定的"正确安全地组织工作"的安全责任。当作业人员绑扎完导线后，还没有从梯子上下来，工作负责人就下令调整拉绳。使竖梯发生倾斜、折断，应对事故发生负重要责任。

［防范措施］

（1）进行等电位带电作业，直接同高压接触，需要严肃认真地对待。对作业中所使用的工具要求十分严格，它的电气、机械性能必须满足要求，不允许以低代高，凑合使用。不论是竖梯还是水平梯，满足不了性能上的要求，就不能进行作业。

（2）带电作业中使用的梯子，不论是竖梯、还是水平梯，均应按规定绑扎好拉绳，绳子与杆塔或地面，必须固定牢固。不允许用人力拉绳来代替固定点，因为人的拉力不可能保持均衡。作业人员在梯子上移动，出现梯子受力不均匀时，就可能发生倾斜，造成事故。

（3）作业人员还在梯子上时，不允许调整拉绳，如确实需要调整时，应等梯子上的作业人员下到地面，梯子上确无作业人员时，方能对拉绳进行调整。

（4）工作负责人对带电作业的全过程和每一个操作步骤都应全面了解，精细安排，不能有丝毫疏漏，保证正确安全地组织工作，这样才能确保带电作业安全顺利地完成工作任务。

思考与练习

一、简答题

1. 作业中从高处坠落的原因有哪些？

2. 高处作业应注意哪些安全要求？

3. 高处作业人员（含工作负责人）应具备哪些条件？

4. 如何防止坠落物打击伤亡？

5. 使用移动梯子应注意哪些要求？

课题六　电力生产作业中的危险点分析及控制

学习目标

1. 知道电力生产作业中危险点的特点、产生原因及危害性。

2. 知道危险点的预测和防范、控制措施。

3. 会进行编制和执行危险点预控措施票。

知识点

1. 电力生产作业中危险点的特点、产生原因及危害性。

2. 危险点的预测和防范、控制措施。

3. 危险点预控措施票的编制和执行。

技能点

1. 会进行危险点预控分析。

2. 能够编制和执行危险点预控措施票。

学习内容

危险点预控分析是对有可能发生事故的危险点进行提前预测和预防的方法。它要求班组针对电力生产中的每项工作，根据作业内容、工作方法、机械设备、环境、人员素质等情况，超前分析和查找可能产生危及人身或设备安全的危险点即不安全因素，再依据有关规章制度，研究制订可靠和安全防范措施，从而达到预防事故的目的。

一、电力生产作业中存在的危险点的特点

危险点是指在电力企业作业中，有可能危及作业人员的身体健康和生命安全，危及机械设备安全，影响作业正常进行，甚至会造成经济损失的事件。危险点包括三个方面：一是可能造成危害的作业环境；二是有可能造成危害的机器设备等物体；三是作业人员在作业中违反安全技术或工艺规定，随心所欲地操作。危险点的特点如下：

（1）危险点具有客观实在性。

（2）危险点具有潜在性。

（3）危险点具有复杂多变性。

（4）危险点具有可知可防性。

二、电力生产作业中危险点的产生原因

（1）伴随着作业实践活动而生成的危险点。只要有作业实践活动，就必然会生成相应的危险点。

（2）伴随着特殊的天气变化而生成的危险点。只要出现不良的天气，就有可能生成相应的危险点。

（3）伴随机械设备制造缺陷而生成的危险点。

（4）因维修和试验不善，使机械设备生成危险点。

（5）冒险违章作业直接生成的危险点。另外，还有些物质，如有害的化学物质（污染、放射性物质等）、物理现象（噪声等），本身就是一种危险物，防范不周，就有可能受其伤害。

三、危险点的危害性

一般来说，作业中存在的危险点可以分两大类：一类是显现的危险点，通过现场考察或认真设想就可以发现；另一类是潜在的危险点，人们仅凭经验或想象难以作出准确的判断，这就需要进行科学预测。

潜在的危险点比显露的危险点具有更大的危害性，其原因如下：

（1）潜在的危险点存在于事物内部不容易发现或发觉，容易使人解除戒备心理，忽视进行必要的防护，因而为诱发事故提供了充足条件。

（2）小的潜在危险点如果不能被及时发现和消除，任其发展演变，会生成大的祸患。

（3）潜在的危险点最容易引起违章，由违章触发事故。对于具体危险点来说，潜在状态主要取决于两大要素：①在客观上的暴露程度；②人们主观上的认识程度。

四、危险点的预测的步骤

（1）根据过去的经验教训，分析本次作业出现事故的可能危险因素。

（2）查清危险源，即危险因素存在于哪个子系统中。

（3）识别转化条件，即研究危险因素转变为危险状态的触发条件和危险状态转变为事故的必要条件，这是关键。

（4）划分危险等级，排列出先后顺序和重点，以便优先加以"控制"或"处理"。

（5）制定控制事故预防措施。

（6）指定负责落实控制措施的单位和人员，并且必须监督到位。

五、危险点的防范措施

（1）认真开展反习惯性违章活动。就诱发事故的原因来讲，习惯性违章与危险点是一对孪生兄弟，习惯性违章是导致事故的人为因素，危险点则是引发事故的客观因素，习惯性违章与危险点相结合，很容易造成事故。危险点演变成现实的危险点以后，如果及时采取措施，就能够控制事态的发展，把损失减小到最低限度。而在危险点演变成现实的危险点之后，又遇到习惯性违章行为，则会使危险点进一步扩大。

（2）结合作业特点制订危险点控制措施。工作班组要根据工作任务及施工条件等因素中可能存在的危险点制订措施，如在检修设备单元中，由于与带电部位距离较近以及电气接线比较复杂等原因，对检修人员的安全形成威胁的部位均被称为"危险点"，其防范措施有加强"危险点"的安全措施布置，装设鲜明的安全标志，以警示检修人员的工作行为；严格执行检修监护制度，规范检修人员的工作行为，在"危险点"设置专人进行监护。

（3）制定出的危险点控制措施的依据。编制危险点控制措施，应根据国家颁布的法律法规、电力行业及其他相关行业颁布的技术标准、现场规章制度。做到简明扼要、顺序合理、措词严谨，具有权威性和可操作性。

（4）作业前将危险点及其控制措施向全体作业人员交底。每项工作都要结合工作现场实际，在"三措"（组织措施、技术措施、安全措施简称"三措）中写入具体的危险点和控制措施，在工作票中写入补充预控措施或专门写危险点分析作业票，并向全体人员交底，工作中要严格执行。

六、危险点预控措施票的编制和执行

（一）危险点预控措施票的编制和审批

（1）一般性检修作业项目，由工作负责人或班组长组织全体作业人员，作业前分析查找作业全过程中可能出现的威胁人身安全的危险因素，然后再对照规程和该作业项目的危险点数据库中的危险点及其控制措施，由工作负责人编制"危险点预控措施票"，经工作票签发人审核批准并签名后执行。

（2）复杂的检修、施工作业项目，大（小）修，技术改造工程及多班组作业等，应事先编制检修文件包，其文件包中的危险点预控措施，由工区（车间）专业组长针对本项工程全过程各个环节按专业制订。各作业班组根据制订的安全、组织、技术措施方案，对本作业班组承担的作业项目进行具体的危险因素分析，然后再对照规程和该作业项目的危险点数据库中的危险点及其控制措施，编制"危险点预控措施票"，交专业组长审核，经工区领导批准并分别签名后执行。如果作业现场有跨部门的多专业班组同时交叉作业，还应经企业生技部门批准。

（3）复杂的电气倒闸操作、重大特殊的操作，在操作前应分别由班长和工区技术员组织进行危险点分析和制订危险点预控措施，由运行值班长编制"危险点措施预控票"，经工区运行技术负责人批准后执行。

（二）危险点预控措施票的执行

（1）一般性检修作业项目，"危险点预控措施票"作为工作票附页，与工作票一并执行。

（2）复杂的检修、施工作业项目，大（小）修，技术改造工程及班组作业等，"危险点预控措施票"纳入检修文件包，与检修文件包一并执行。

（3）复杂的电气倒闸操作、重大特殊的操作，在操作中严格执行"危险点预控措施票"。

（4）班长在安全工作召开班前会时，应结合当天作业点、工作内容、人员精神状态等宣讲作业中危险点及其预控措施和安全注意事项。作业开工前，工作负责人在向全体作业人员交代工作票安全措施和安全注意事项的同时，应宣讲危险点预控措施票的措施要求。全体工作人员确认无误后，方可宣布开工。例如某供电公司的危险点分析票如下所示。

××供电公司危险点分析票

检修编号：　　　　　　　　　　　　　　　　　　　　　　　　　　　调度编号：

工作单位		班组		工作负责人	
工作任务	更换柱上开关				

危险点分析	危险点控制措施
1. 工作负责人选派不当，工作人员精神状态不良，作业中发生事故，不能保证工作质量。 2. 不认真或不填写现场施工"三措"，导致作业中发生事故。 3. 到工作现场发现吊车不能顺利安全作业。 4. 双电源用户侧反送电伤人。 5. 双电源用户侧不设接地线，反送电伤人。 6. 落物伤行人。 7. 工作人员从杆上滑下跌伤。 8. 工作人员坠落。 9. 工作人员不戴安全帽易被落物砸伤。 10. 吊车打腿碰伤行人。 11. 吊臂误碰带电设备。 12. 钢丝绳挤伤手指。 13. 开关起吊摆动挤伤工作人员。 14. 开关台架突然歪斜，造成人员受伤和设备损坏。 15. 钢丝绳突然断裂，造成人员伤害和设备损坏。 16. 开关因钢丝绳突然断裂坠落砸伤人。 17. 台架、开关上遗留工具或材料。 （补充）	□1. 所派工作负责人及工作班成员精神状态要好，工作前要认真学习本《项目作业指导书》。 □2. 认真制定"三措"，无"三措"不准开工。 □3. 工作负责人首先要熟悉现场情况，必要时带领工作人员到现场查看清楚。 □4. 工作票注明拉开用户侧刀闸。 □5. 不能忽视用户侧可能反送电，必须作接地线。 □6. 工作现场必须设围栏。 □7. 脚扣、腰带必须有试验合格标签，登杆前认真检查脚扣、腰带的完好情况，同时还应对脚扣进行冲击试验。 □8. 工作属高空作业，必须打安全带并避开利物。 □9. 不戴安全帽不准进入工作现场。 □10. 吊车打腿或动臂等应由工作负责人指挥。 □11. 吊车司机应清楚带电部位和不带电部位。工作负责人要加强监护，要随时注意吊臂与带电体的安全距离。 □12. 在调整钢丝绳时要用工具，勿用手直接接触钢丝绳挂线点处。 □13. 起吊时台架上工作人员应该选择合适位置，工作负责人确认安全后在下令起吊。 □14. 在吊起或放落开关前，必须检查开关台架的结构是否牢固。 □15. 起吊前认真检查钢丝绳套是否合适，是否有断股、毛刺等缺陷。 □16. 起吊过程中，开关下严禁有人逗留和通过。 □17. 工作结束，工作人员应认真检查，工作负责人复查有无遗留物。 （补充）

工作票签发人签名：		年　　月　　日
运行值班员签名：		年　　月　　日

　　（5）作业过程中，全体工作人员应严格遵守《电力安全工作规程》的规定，认真执行危险点预控措施票各项措施要求，并逐项打钩。工作负责人在工作监护中，随时监督检查每个工作人员执行安全措施的情况，及时纠正不安全行为，执行完后，工作负责人签名。

　　（6）各级安监人员应经常深入现场监督检查危险点预控措施票是否正确执行，及时纠正违章现象。

（7）每次作业结束后，要及时总结危险点分析、措施制定及执行中存在的问题，不断完善，为下一次进行同类作业提供经验。

（三）危险点预控措施执行中有关人员的安全责任

1. 工作负责人的责任

（1）负责组织或配合班长组织召开作业项目危险点分析会，做好危险点分析工作。

（2）负责制订危险点预控措施，做到正确完备。

（3）开工前宣讲危险点预控措施，并且检查危险预控措施票中各项措施的执行情况，监督工作人员遵守《电力安全工作规程》以及正确执行各项措施。

2. 班长（工作票签发人）的责任

（1）组织作业班全体人员召开危险点分析会，做好危险点分析工作。

（2）负责审查危险点预控措施是否符合实际，是否正确完善，可操作性强。

（3）召开班前会，宣讲危险点和安全注意事项；召开班后会，总结危险点控制执行中存在的问题及改进要求。

（4）深入现场检查各作业危险点预控措施是否正确执行和落实。

3. 工作班成员（措施执行人）的责任

（1）积极参加危险点分析会，对防范措施提出意见。

（2）严格遵守《电力安全工作规程》，认真执行危险点预控措施卡的各项措施，做到"三不伤害"。

（3）工作中在保证自身安全的同时，要纠正作业班其他人员的违章行为。

4. 工区（车间）、局级控制措施审批人员的责任

（1）负责组织制订复杂的检修、施工作业项目，大小修，技术改造工程及多班组作业等工程危险点预控措施，做到正确完备。

（2）开工前召开专门会议布置控制危险点的措施，并在开工中检查危险预控措施的执行情况。

（3）对所制订、审批的检修作业文件包中内容是否正确、完备负责。

（4）深入作业现场监督检查安全、组织、技术措施和危险点预控措施是否正确执行，及时纠正违章现象，对违章责任者提出处罚意见。

❓ **思考与练习**

一、填空题

1. _____是对有可能发生事故的危险点进行提前预测和预防的方法。

2. 危险点的特点是_____、_____、_____、_____。

3. 对于具体危险点来说，潜在状态主要取决于两大要素：即_____和_____。

4. _____是一种指向未来作业情况，分析潜在危险点存在和发展趋势的活动。

二、简答题

1. 危险点包括哪三个方面的内容？危险点具有哪些特点？

2. 电力生产作业中危险点的产生原因有哪些？

3. 为什么潜在的危险点比显露的危险点具有更大的危害性？

4. 在进行危险点预测时必须注意哪些问题？

5. 危险点的防范措施有哪些？

6. 如何编制和执行危险点预控措施票？

7. 危险点预控措施执行中相关人员的安全责任分别是什么？

单元三

电 气 安 全 用 具

课题一　安全用具的作用与分类

学习目标

能说明绝缘安全用具、防护安全用具的基本概念。

知识点

安全用具的作用与分类。

技能点

能够正确区分绝缘安全用具和防护安全用具。

学习内容

电力生产（建设）工作中，无论是施工安装、运行操作或检修工作，为了保障工作人员的人身安全，顺利地完成工作任务，必须使用相应的安全工器具。只有这样，才能体现生产必须安全，安全为了生产。例如，爬杆登高作业时，工作人员必须使用脚扣、安全带等安全用具。正确地使用脚扣才能安全地登高，登高之后，还要把系在身上的安全带正确固定好，才能防止高空坠落伤亡事故的发生。因此对电力生产工作人员来说，了解各种安全工器具的性能，懂得各种安全工器具的用途，正确掌握它们的使用与保管方法，是十分重要的。

安全用具是指具有防止触电、坠落、电弧灼伤等工伤事故，保障工作人员安全的各种专用工具和用具，可分为绝缘安全用具和防护安全用具两大类。

一、绝缘安全用具

绝缘安全用具指带电作业或使用电气工器具时，为防止工作人员触电，必须使用的绝缘工具。依据绝缘强度和所起的作用又可分为基本安全用具和辅助安全用具两类。

基本安全用具是指那些绝缘强度大、能长时间承受电气设备的工作电压，可以直接用来操作带电设备或接触带电体的用具。属于这一类的安全用具有：高压绝缘棒、高压验电器、绝缘夹钳等。

辅助安全用具是指那些绝缘强度不足以承受电气设备或线路的工作电压，而只能加强基本安全用具的保安作用，用来防止接触电压、跨步电压、电弧灼伤对操作人员伤害的用具。不能用辅助安全用具直接接触高压电气设备的带电部分。属于这一类的安全用具有：绝缘手套、绝缘靴（鞋）、绝缘垫、绝缘台等。

二、防护安全用具

防护安全用具是指那些本身没有绝缘性能，但可以起到防护工作人员发生事故的用具。这种安全用具主要用作防止检修设备时误送电，防止工作人员走错间隔、误登带电设备，保证人与带电体之间的安全距离，防止电弧灼伤、高空坠落等。这些安全用具尽管不具有绝缘性能，但对防止工作人员发生伤亡事故是必不可少的。属于这一类的安全用具有：携带型接地线、防护眼镜、安全帽、安全带、标示牌、临时遮栏等。此外，登高用的梯子、脚扣、站脚板等也属于这类安全用具的范畴。

【案例 3-1】　无人监护导致触电伤残事故

［事故经过］

某年 8 月 23 日 10 时，某厂食堂里蒸汽弥漫，电工甲在汽雾中独自一人站在人字扶梯上，带电抢修照明线路（因食堂用电需要，不能切断电源，只能带电作业）。当甲用双手连接带电的相线时，头发正好触及屋架的角铁上，甲顿时全身颤抖，身体失去平衡，从 2m 多高的扶梯上坠落，造成左腿股骨骨折。

［原因分析］

（1）食堂里汽雾弥漫，使甲头发受潮。当甲在连接带电的相线时，头发触及角铁，构成电流回路，使之触电。

（2）甲独自一人在潮湿的环境下登高作业，无人监护，违反了带电工作制度。

［事故教训及防范措施］

（1）电工带电检修或登高作业，必须配备两人，其中一人作业，一人负责安全监护。

（2）在潮湿环境下带电作业，需严格遵守安全技术措施，戴好安全帽和绝缘手套，穿好绝缘鞋，站在绝缘垫上，使用合格的绝缘手柄工具。对作业中人体可能触及的带电体，必须用绝缘物隔离。

（3）高空作业人员发生触电，在切断电源时，应做好防止坠落的安全措施。

【案例 3-2】　未按规定穿戴防护用品而发生的触电死亡事故

［事故经过］

某年 9 月 17 日，×××喷漆厂电工鲁××，身穿背心，长裤（脚管翘起），赤脚穿塑料拖鞋，在临时通电的低压配电室内，俯卧在 3 号配电屏上拧屏内中性线导电排的 8mm 螺丝时，右臂不慎碰到开关出线带电导电排，造成触电。最终经抢救无效死亡。

[原因分析]

（1）电工人员没有按规定穿戴防护用品。且不遵守劳动纪律，上班穿拖鞋。

（2）现场安全管理不严。电工作业时不穿绝缘鞋、长袖、长裤工作。

（3）思想麻痹，认为在中性线上工作无危险，对带电导线未采取绝缘隔离措施。

[事故教训及防范措施]

电气工作人员在带电作业时必须严格按规定穿戴好个人防护用品。尤其是在 6～9 月这四个月中，更要注意防止触电事故。因这一时期，天热多雨、空气潮湿，电气设备的绝缘性能降低，加上这段时间内作业人员衣着单薄，汗水和身体外露部分较多，因此触电危险大大增加。工厂企业的电气安全管理人员，对违反规定的现象应及时制止、教育和处理，以确保电工作业的安全。

❓ 思考与练习

一、填空题

1._____是指具有防止触电、坠落、电弧灼伤等工伤事故，保障工作人员安全的各种专用工具和用具。

2. 安全用具可分为_____和_____两大类。_____又分为基本安全用具和辅助安全用具两类。

二、名词解释

1. 绝缘安全用具

2. 基本安全用具

3. 辅助安全用具

4. 防护安全用具

课题二　基 本 安 全 用 具

学习目标

会正确使用各种基本安全用具。

知识点

基本安全用具的使用和注意事项。

技能点

能够正确使用各种基本安全用具。

学习内容

一、绝缘棒

1. 主要用途

绝缘棒又称操作杆，是用来接通或断开带电的高压隔离开关、跌落开关，安装或拆除临时接地线以及带电测量和试验工作。

2. 结构及规格

绝缘棒的结构主要由工作部分、绝缘部分和握手部分构成，如图 3-1 所示。

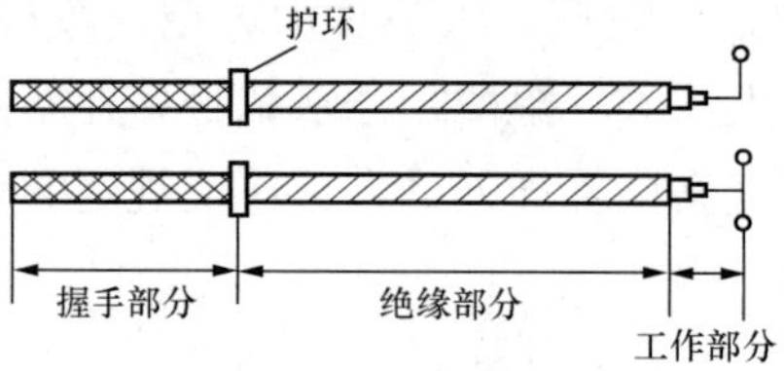

图 3-1　绝缘棒结构

工作部分一般由金属或具有较大机械强度的绝缘材料（如玻璃钢）制成，一般不宜过长。其形状可以根据工作需要制成 "T" 形、"L" 形，也可以制成螺纹形或插头状。在满足工作需要的情况下，长度不应超过 5～8cm，以免操作时发生相间或接地短路。

绝缘部分和握手部分是用浸过绝缘漆的木材、硬塑料、胶木等制成的，两者之间由护环隔开。绝缘棒的绝缘部分必须光洁、无裂纹或硬伤，其长度根据工作需要、电压等级和使用场所而定，如 110kV 以上电气设备使用的绝缘棒，其长度部分为 2～3m。

为了便于携带和保管，往往将绝缘棒分段制作，每段端头有金属螺丝，用以相互镶接，也可用其他方式连接，使用时将各段接上或拉开即可。

3. 使用和保管注意事项

（1）使用绝缘棒时，工作人员应戴绝缘手套和穿绝缘靴（鞋），以加强绝缘棒的保安作用。

（2）在下雨、下雪天用绝缘棒操作室外高压设备时，绝缘棒应有防雨罩，以使罩下部分的绝缘棒保持干燥。

（3）使用绝缘棒时要注意防止碰撞，以免损坏表面的绝缘层。

（4）绝缘棒应存放在干燥的地方，以防止受潮。一般应放在特制的架子上或垂直悬挂在专用挂架上，以防弯曲变形。

（5）绝缘棒不能直接与墙或地面接触，以防碰伤其绝缘表面。

4. 检查与试验

（1）绝缘棒一般应每三个月检查一次。检查时要擦净表面，检查有无裂纹、机械损伤、绝缘层损坏。

（2）绝缘棒一般每年必须试验一次，试验项目及标准见表3-1。

表3-1 　　　　　　　　　　绝缘棒试验项目

名　称	电压等级（kV）	周　期	交流耐压（kV）	时间（min）
绝缘棒	6～10	每年一次	44	5
	35～110		4倍相电压	
	220		3倍相电压	

二、绝缘夹钳

1. 主要用途

绝缘夹钳是用来安装和拆卸高压熔断器或执行其他类似工作的工具，主要用于35kV及以下电压系统，如图3-2所示。

2. 主要结构

绝缘夹钳由工作钳口、绝缘部分（钳身）和握手部分（钳把）组成。各部分所用材料与绝缘棒相同，只是它的工作部分是一个强固的夹钳，并有一个或两个管形的钳口，用

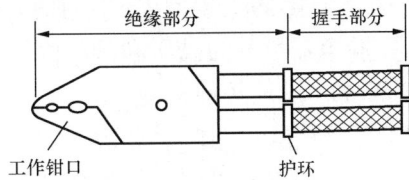

图3-2　绝缘夹钳

以夹紧熔断器。它的绝缘部分和握手部分的最小长度不应小于表3-2所示的数据，根据不同的电压和使用场所选择。

表3-2 　　　　　　　　　　绝缘夹钳的最小长度　　　　　　　　单位：m

电压等级（kV）	户内设备用		户外设备用	
	绝缘部分	握手部分	绝缘部分	握手部分
10	0.45	0.15	0.75	0.20
35	0.75	0.20	1.20	0.20

3. 使用和保管注意事项

（1）绝缘夹钳上不允许装接地线，以免在操作时，由于接地线在空中游荡而造成接地短路和触电事故。

（2）在潮湿天气只能使用专用的防雨绝缘夹钳。

（3）作业人员工作时，应戴护目眼镜、绝缘手套和穿绝缘靴（鞋）或站在绝缘台（垫）上，手握绝缘夹钳要精力集中并保持平衡。

（4）绝缘夹钳要保存在专用的箱子里或匣子里，以防受潮和磨损。

4. 耐压试验

试验与检查绝缘夹钳和绝缘棒一样，应每年试验一次，其耐压试验标准见

表3-3。

表 3-3 绝缘夹钳耐压试验标准

名 称	电压等级（kV）	周 期	交流耐压（kV）	时间（min）
绝缘夹钳	35 及以下	每年一次	3 倍线电压	5
	110		260	
	220		400	

三、高压验电器

1. 用途

验电器又称测电器、试电器或电压指示器，是检验电气设备、导线是否带电的专用器具。当每次断开电源进行检修时，必须先用它验明设备确实无电后，方可进行工作。

验电器可分为高压和低压两类。根据所使用的工作电压，高压验电器一般制成10kV 和 35kV 两种。

2. 结构

高压验电器可分为指示部分和支持部分（见图3-3）。

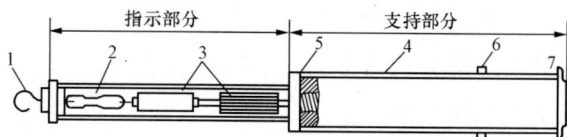

图 3-3 高压验电器

1—工作触头；2—氖灯；3—电容器；4—绝缘筒；5—接地螺丝；6—隔离护环；7—握柄

（1）指示部分是一个用绝缘材料制成的空心管，管的一端装有金属制成的工作触头 1，管内装有一个氖灯 2 和一组电容器 3，在管的另一端装有一金属接头，用来将管接在支持器上。

（2）支持部分是用胶木或硬橡胶制成的，分为绝缘部分和握手部分（握柄），在两者之间装有一个比握柄直径稍大的隔离护环 6。

3. 使用注意事项

（1）必须使用电压和被验设备电压等级相一致的合格验电器。验电操作顺序应按照验电"三步骤"进行，即在验电前应将验电器在带电的设备上验电，以验证验电器是否良好，然后再在已停电的设备进出线两侧逐相验电。当验明无电后再把验电器在带电设备上复核一下，看其是否良好。

（2）验电时，应戴绝缘手套，验电器应逐渐靠近带电部分，直到氖灯发亮为止，验电器不要立即直接触及带电部分。

（3）验电时，验电器不应装接地线，除非在木梯、木杆上验电，不接地不能指示者，才可装接地线。

（4）验电器用后应存放于匣内，置于干燥处，避免积灰和受潮。

4. 检查与试验

（1）每次使用前都必须认真检查，主要检查绝缘部分有无污垢、损伤、裂纹；检查指示氖泡是否损坏、失灵。

（2）对高压验电器应每半年试验一次，一般验电器的试验分发光电压试验和耐压试验两部分，试验标准见表 3-4。

表 3-4　　　　　　　　　　　　验电器的试验标准

验电器额定电压（kV）	发光电压试验		耐　压　试　验			
	氖气管起辉电压（kV）	氖气管清晰电压（kV）	接触端和电容器引出端之间		电容器引出端和护环边界之间	
			试验电压（kV）	试验时间（min）	试验电压（kV）	试验时间（min）
10 及以下	2.0	2.5	25	1	40	5
35 及以下	8.0	10	35	1	105	5

四、低压验电器

1. 用途

低压验电器又称试电笔或验电笔，是检验低压电气设备、电器或线路是否带电的一种用具，也可以用它来区分火（相）线和地（中性）线，试验时氖管灯泡发亮的即为火线。此外还可以用它区分交、直流电，当交流电通过氖管灯泡时，两极附近都发亮，而直流电通过氖管灯泡时，仅一个电极发亮。

2. 结构

低压验电器的结构如图 3-4 所示。

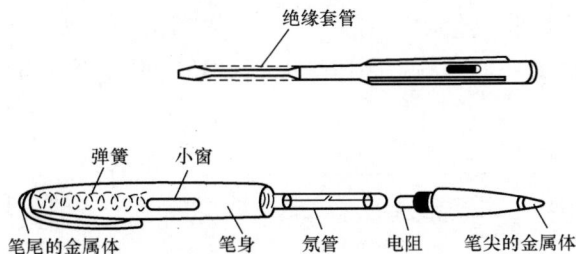

图 3-4　低压验电器的结构

在制作时为了工作和携带方便，常做成钢笔式或螺丝刀式。但不管哪种形式，其结构都类似，都是由一个高值电阻、氖管、弹簧、金属触头和笔身组成。

3. 使用

（1）使用时，手拿验电笔，用一个手指触及金属笔卡，金属笔尖顶端接触被检查的带电部分，看氖管灯泡是否发亮（见图 3-5）。如果发亮，则说明被检查的部分是带电的，并且灯泡愈亮，说明电压愈高。

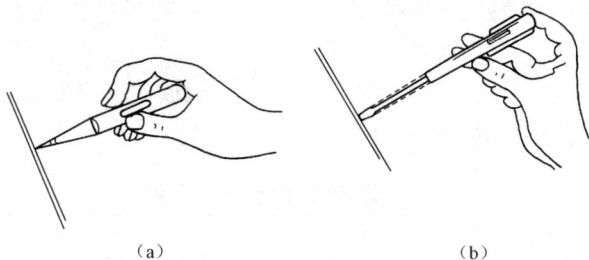

（a）　　　　　　　　　　　　　（b）

图 3-5　验电笔的使用

（2）低压验电笔在使用前、后要在确知有电的设备或线路开关、插座上试验一下，以证明其是否良好。

（3）低压验电笔并无高压验电器的绝缘部分，故绝不允许在高压电气设备或线路上进行试验，以免发生触电事故，只能在 100～500V 范围内使用。

思考与练习

一、填空题

1. 绝缘棒又称_____，用来_____的高压隔离开关、跌落开关，安装和拆除_____以及带电_____工作。

2. 绝缘棒的结构主要由_____、_____和_____构成。

3. 绝缘棒一般应每_____检查一次。检查时要擦净表面，检查有无裂纹、机械损伤、绝缘层损坏。绝缘棒一般_____必须试验一次。

4. 绝缘夹钳是用来_____高压熔断器或执行其他类似工作工具，主要用于_____电压系统。

5. 绝缘夹钳由_____、_____和_____组成。

6. 验电器又称_____、_____或_____，它可分为_____和_____两类。

7. 对高压验电器应每_____试验一次，一般验电器的试验分_____试验和_____试验两部分。

二、简答题

1. 绝缘棒的作用是什么？使用和管理的注意事项是什么？

2. 绝缘夹钳有哪些使用和管理注意事项?

3. 说明高压验电器的作用、结构和使用注意事项。

4. 说明低压验电器的用途、结构和使用方法。

课题三　辅 助 安 全 用 具

学习目标

会正确使用辅助安全用具。

知识点

辅助安全用具的使用方法。

技能点

能够正确使用辅助安全用具。

学习内容

一、绝缘手套

1. 作用

绝缘手套用特种橡胶制成,其式样如图3-6所示。绝缘手套是在高压电气设备上进行操作时使用的辅助安全用具,如用来操作高压隔离开关、高压跌落开关、油开关等;在低压带电设备上工作时,把它作为基本安全用具使用,即使用绝缘手套可直接在低压设备上进行带电作业。绝缘手套可使人的两手与带电物绝缘,是防止同时触及不同极性带电体而触电的安全用具。

2. 技术数据

现以天津市劳动保护橡胶厂生产的绝缘手套为例列出绝缘手套的技术数据见表3-5。有12kV和5kV两种绝缘手套,且都是以其试验电压而命名的。

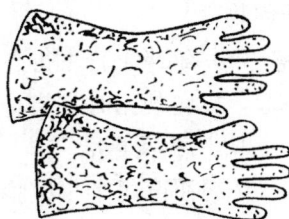

图3-6　绝缘手套式样

表3-5　　　　　　　　　　　绝缘手套的技术数据

项　　目		单　　位	12kV 绝缘手套	5kV 绝缘手套
试验电压		kV	12	5
使用电压			1kV 以上为辅助安全用具, 1kV 以下为基本安全用具	1kV 以下为辅助安全用具
物理性能	扯断强度	MPa(兆帕)	15.68 以上	15.68 以上
	伸长率	%	600 以上	600 以上
	硬度	邵氏	35±5	35±5

续表

项 目		单 位	12kV 绝缘手套	5kV 绝缘手套
规格	长度	mm	380±10	380±10
	厚度	mm	1～1.5	1±0.4

3. 使用和保管注意事项

（1）每次使用前应进行外部检查，查看表面有无损伤、磨损或破漏、划痕等。如有砂眼漏气情况，应禁止使用。检查方法是，将手套朝手指方向卷曲，当卷到一定程度时，内部空气因体积减小、压力增大而手指鼓起，为不漏气，即为良好（见图 3-7）。

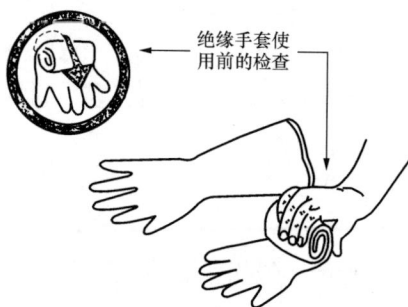

绝缘手套使用前的检查

图 3-7 手套使用前的检查

（2）使用绝缘手套时，里面最好戴上一双棉纱手套，这样夏天可防止出汗而操作不便，冬天可以保暖。戴手套时，应将外衣袖口放入手套的伸长部分里。

（3）绝缘手套使用后应擦净、晾干，最好洒上一些滑石粉，以免粘连。

（4）绝缘手套应存放在干燥、阴凉的地方，并应倒置在指形支架上或存放在专用的柜内，与其他工具分开放置，其上不得堆压任何物件。

（5）绝缘手套不得与石油类的油脂接触，合格与不合格的绝缘手套不能混放在一起，以免使用时拿错。

4. 试验及标准

绝缘手套每半年试验一次，其试验标准见表 3-6。

表 3-6　　　　　　　绝缘手套试验标准

名 称	电压等级	周 期	交流耐压（kV）	泄漏电流（mA）	时间（min）
绝缘手套	高压	每六个月一次	8	≤9	1
	低压		2.5	≤2.5	

二、绝缘靴（鞋）

1. 作用

绝缘靴（鞋）是由特种橡胶制成的，其式样如图 3-8 所示。它的作用是使人体与地面绝缘。绝缘靴是高压操作时用来与地保持绝缘的辅助安全用具，而绝缘鞋用于低压系统中，两者都可作为防止跨步电压触电的基本安全用具。

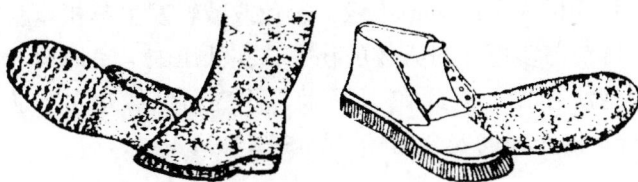

图 3-8　绝缘靴（鞋）的式样

2. 规格

绝缘靴通常不上漆，这是和涂有光泽黑漆的橡胶水靴在外观上所不同的，绝缘靴有以下规格：37～41 号，靴筒高 230±10mm；41～43 号，靴筒高 250±10mm。绝缘靴的规格为 35～45 号。

3. 使用及保管注意事项

（1）绝缘靴（鞋）不得当作雨鞋或作其他用。其他非绝缘靴（鞋）也不能代替绝缘靴（鞋）使用。

（2）为了使用方便，一般现场至少配备大、中号绝缘靴各两双，以备穿用。

（3）绝缘靴（鞋）如试验不合格，则不能再穿用。对绝缘鞋，可从其大底面磨损程度作初步判断。当大底面磨光并露出黄色面胶（绝缘层）时，就不能再穿用了。

（4）绝缘靴（鞋）在每次使用前应进行外部检查，查看表面有无损伤、磨损或破漏、划痕等。如有砂眼漏气，严格禁止使用。

（5）绝缘靴（鞋）应存放在干燥、阴凉的地方，并应存放在专用的柜内，要与其他工具分开放置，其上不得堆压任何物件。

（6）不得与石油类的油脂接触，合格与不合格的绝缘靴（鞋）不能混放在一起，以免使用时拿错。

4. 试验标准

绝缘靴（鞋）的试验标准见表 3-7。

表 3-7　　　　　　　　　绝缘靴（鞋）的试验标准

名　称	电压等级	周　期	交流耐压（kV）	泄漏电流（mA）	时　间（min）
绝缘靴（鞋）	高　压	每 6 个月一次	15	≤7.5	1

三、绝缘垫

1. 作用

绝缘垫是由特种橡胶制成，具有加强工作人员对地绝缘的作用。绝缘垫一般铺在配电室等地面上及控制屏、保护屏和发电机、调相机的励磁机等端处，以便带电操作开关时，增强操作人员的对地绝缘，避免或减轻发生单相短路或电气设备绝缘损坏时，接触电压与跨步电压对人体的伤害；在低压配电室地面上铺绝缘垫，可代替绝缘鞋，起到绝缘作用，因此在 1kV 及以下时，绝缘垫可作为基本安全用具；而在 1kV 以上时，仅作辅助安全用具（见图 3-9）。

图 3-9　绝缘垫

2. 规格

绝缘垫表面有防滑条纹或压花，有时也称它为绝缘毯。绝缘垫的厚度有 4、6、8、10、12mm 五种，宽度常为 1m，长度为 5m，其最小尺寸不宜小于 0.75m×0.75m。

3. 使用及保管注意事项

（1）在使用过程中，应保持绝缘垫干燥、清洁，注意防止与酸、碱及各种油类物质接触，以免受腐蚀后老化、龟裂或变黏，降低其绝缘性能。

（2）绝缘垫应避免阳光直射或锐利金属划刺，存放时应避免与热源（暖气等）距离太近，以防急剧老化变质，绝缘性能下降。

（3）使用过程中要经常检查绝缘垫有无裂纹、划痕等，发现有问题时要立即禁用并及时更换。

4. 试验及标准

绝缘垫每两年应试验一次。

（1）试验标准。在 1kV 及以上场所使用的绝缘垫，其试验电压不低于 15kV。试验电压依其厚度的增加而增加，见表 3-8；使用在 1kV 以下者，其试验电压为 5kV，试验时间都为 2min。

表 3-8　　　　　　　　绝缘垫的试验标准

序号	绝缘垫厚度（mm）	试验电压（kV）	时间（min）
1	4	15	2
2	6	20	2
3	8	25	2
4	10	30	2
5	12	35	2

（2）试验接线及方法。绝缘垫试验接线如图 3-10 所示。试验时使用两块平面电极板，电极距离可以调整，以调到与试验品能接触时为止。把一整块绝缘垫划分

成若干等份，依次试验，直到所划等份全部试完为止。试验时先将要试的绝缘垫上下铺上湿布，布的大小与极板的大小相同，然后再在湿布上下面铺好极板，中间不应有空隙，然后加压试验，极板的宽度应比绝缘垫宽度小 10～15cm。

四、绝缘台

1. 作用

绝缘台是一种用在任何电压等级的电力装置中作为带电工作时的辅助安全用具，其作用与绝缘垫、靴相同（见图 3－11）。

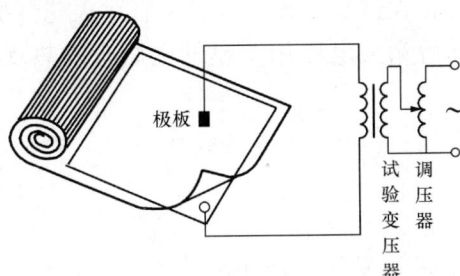

图 3－10　绝缘垫试验接线

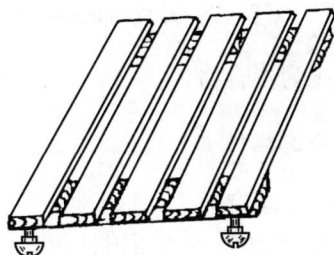

图 3－11　绝缘台

2. 制作及规格

绝缘台的台面用干燥、木纹直，且无节疤的木板或木条拼成，相邻板条留有一定的缝隙，以便于检查绝缘支持瓷瓶是否有损坏。台面板四脚用绝缘支持瓷瓶与地面绝缘，并作台脚之用。

绝缘台最小尺寸不宜小于 0.8m×0.8m，最大尺寸不宜超过 1.5m×1.0m，以便于检查。台面板条间距不宜大于 2.5cm，以免鞋跟陷入。绝缘支持瓷瓶高度不得小于 10cm，台面板边缘不得伸出绝缘子以外，以免绝缘台倾翻，使作业人员摔倒。为增加绝缘台的绝缘性能，台面木板（木条）应涂绝缘漆。

3. 使用及保管注意事项

（1）绝缘台多用于变电所和配电室内。如用于户外，应将其置于坚硬的地面，不应放在松软的地面或泥草中，以避免台脚陷入泥土中造成站台面触及地面而降低绝缘性能。

（2）绝缘台的绝缘支持瓷瓶应无裂纹、破损，木质台面要保持干燥清洁。

（3）绝缘台使用后应妥善保管，不得随意登、踩或作板凳坐用。

4. 试验及标准

绝缘台一般三年试验一次。

（1）试验标准。绝缘台试验标准与使用电压等级无关，一律加交流电压

40kV，持续时间为 2min。

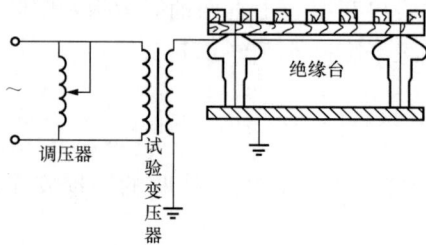

图 3-12 绝缘台试验接线

（2）试验接线及方法。绝缘台试验接线如图 3-12 所示。

绝缘台是整体进行试验的。把绝缘支持瓷瓶上下部分接在试验变压器的二次（高压）侧，电压加在上下部分之间；缓慢调电压一直升到试验电压为止，并持续 2min；在试验过程中若发现有跳火花情况，或试后除去电压用手摸试瓷瓶有发热现象时，则为不合格。

🔍 思考与练习

一、填空题

1. 绝缘手套的作用是在高压电气设备上进行操作时使用的_____，在低压带电设备上工作时，把它作为_____使用。

2. 绝缘靴（鞋）也是由特种橡胶制成的。主要有以下规格：_____号，靴筒高_____；_____号，靴筒高_____。绝缘靴的规格为_____号。

3. 在 1kV 及以下时，绝缘垫可作为_____；而在 1kV 以上时，仅作_____。

4. 绝缘台一般_____试验一次。

5. _____是一种用在任何电压等级的电力装置中作为带电工作时的辅助安全用具。

二、简答题

1. 绝缘手套的作用是什么？有哪些使用和管理注意事项？

2. 绝缘靴（鞋）的作用是什么？有哪些使用和管理注意事项？

3. 绝缘垫的作用和使用管理注意事项分别是什么？主要有哪些规格？

4. 绝缘台的作用、规格、使用管理注意事项分别是什么？

课题四 防护安全用具

学习目标

会正确使用防护安全用具。

知识点

防护安全用具的使用方法。

技能点

能够正确使用防护安全用具。

学习内容

一、安全帽

（一）作用

安全帽是用来保护使用者头部或减缓外来物体冲击伤害的个人防护用品。广泛用于基建施工和生产现场，凡是须预防高处落物（器材、工具等）或有可能使头部受到碰撞而受伤害的情况下，无论高处、地面工作和其他配合工作人员都应戴安全帽。

【案例 3-3】 某供电局送电工区检修班对一条 35kV 线路的两基杆进行加高戴帽工作，当将杆帽吊至杆顶，杆上工作人员用撬杠将杆帽固定在杆尖的螺丝孔内，并用穿心螺丝进行加固时，不慎将固定在杆帽的撬杠顶掉。撬杠从 16m 的高空直落杆下，正好砸到站在杆下拉绳子的工人头上，撬杠将安全帽砸了一个长约 19cm、宽 4cm 的大洞，帽沿也被砸掉一块，该工人也几乎被砸倒在地，若不是佩戴了安全帽，其后果是不堪设想的。

【案例 3-4】 某电力局送变电工区更换花河子电杆，杆上作业人员未将紧线钳扳手放好，中午在杆下休息时，扳手从杆上掉下，恰好落在正在杆下休息的工人头上，幸好该工人头上戴了安全帽，才避免了一场人身伤亡事故的发生。

（二）保护原理

安全帽对头颈部的保护基于两个原理：

（1）使冲击载荷传递分布在头盖骨的整个面积上，避免打击一点；

（2）头与帽顶空间位置构成能量吸收系统，可起到缓冲作用，因此可减轻或避免伤害。

（三）普通型安全帽

1. 结构

普通型安全帽主要由以下几部分构成：

（1）帽壳。安全帽的外壳，包括帽舌、帽沿。帽舌位于眼睛上部的帽壳伸出部分；帽沿是指帽壳周围伸出的部分。

（2）帽衬。帽壳内部部件的总称，由帽箍、顶衬、后箍等组成。帽箍为围绕头围部分的固定衬带；顶衬为与头顶部接触的衬带；后箍为箍紧于后枕骨部分的衬带。

（3）下颏带。为戴稳帽子而系在下颏的带子。

（4）吸汗带。包裹在帽箍外面的吸汗材料。

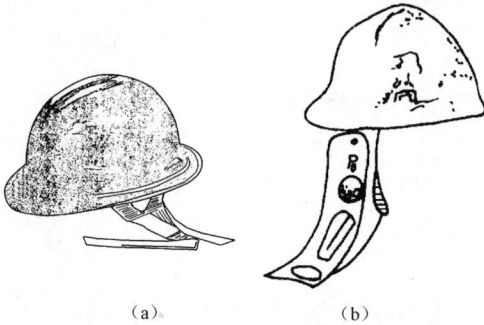

图 3-13　安全帽
(a) 普通型安全帽；(b) 电报警安全帽

(5) 通气孔。使帽内空气流通而在帽壳两侧设置的小孔。

帽壳和帽衬之间有 2～5cm 的空间，帽壳呈圆弧形，其式样如图3-13 (a) 所示。帽衬有单层的和双层的两种，双层的更安全。安全帽的重量一般不超过 400g。帽壳用玻璃钢、高密度低压聚乙烯（塑料）制作，颜色一般以浅色或醒目的白色和浅黄色为多。

2. 技术性能

(1) 冲击吸收性能。用 5kg 重的钢锥自1m 高度落下，打击木质头模（代替人头）上的安全帽，进行冲击吸收实验，头模所受冲击力的最大值不应超过 4.9kN。冲击吸收试验的目的是观察帽壳和帽衬受冲击力后的变形情况。

(2) 耐穿透性能。用 3kg 重的钢锥自 1m 高处落下，进行耐穿透试验，钢锥不与头模接触为合格。穿透试验是用来测定帽壳强度，了解各类尖物扎入帽内时是否对人体头部有伤害。

(3) 电绝缘性能。用交流 1.2kV 试验 1min，泄漏电流不应超过 1.2mA。

此外，还有耐低温、耐燃烧、侧向刚性等性能要求。安全帽的使用期限视使用状况而定。若使用、保管良好，可使用 5 年以上。

(四) 电报警安全帽

电报警安全帽是我国的一种新型产品，重庆康融电器厂生产的 DBM—Ⅲ—A/B型就是其中的一种，其式样如图 3-13 (b) 所示。

1. 作用

电力工人在有触电危险的环境里进行维修高、低压供电线路或检修、安装电气设备作业时，如接近带电设备至安全距离，安全帽则会自动报警，从而起到提示作业人员避免人身触电事故发生的作用。通过现场使用证实，此安全帽在报警距离内报警正确可靠，除具有普通安全帽的作用外，还具有非接触性检验高、低压线路是否断电和断线等功能。报警安全帽的开始报警距离见表3-9。

2. 主要技术数据

(1) 报警电流为 0.3～1.5mA。

(2) 电源为 3V CR2032 锂电池，寿命一年以上。

(3) 使用温度为 -10℃～+50℃。

（4）使用环境的相对湿度小于 90％。

（5）380V、220V 电压开始报警距离小于 0.2m。

表 3-9　　　　　　　　　　　电报警安全帽的开始报警距离

开始报警 距离 h（m） 型号 线电压 kv	DBM-Ⅲ-A （h±30％）	DBM-Ⅲ-B （h±20％）
6	1	—
10	1.3	0.9
35	3.4	1.7
110	—	3.0
220	—	4.2

3. 使用范围

DBM—Ⅲ—A 型电报警安全帽供电力系统检修 220V～35kV 线路使用，也能检测各种用电器是否带电、漏电等。DBM—Ⅲ—B 型电报警安全帽供电力系统工人检修高压供电线路用。

4. 使用方法

（1）每次使用电报警安全帽前，选择灵敏开关于高或低档，然后按一下安全帽的自检开关。若能发出音响信号，即可使用。

（2）头戴或手持电报警安全帽检修架空电力线路和用电设备时，在报警距离范围内，若能发出报警声音，表明带电，否则不带电。

（3）将 DBM—Ⅲ—A 型电报警帽接近电气设备机壳时，若发出报警信号，表明机壳带电或漏电。

5. 注意事项

（1）在接近高压报警距离范围时，必须再按一下帽内自检开关。若能发出自检声音，方可进入高压区域作业。

（2）当发现自检报警音调明显降低时，表明电池已快耗尽，可换新的电池。更换时应注意极性。

（3）安全帽应放置在室内干燥、通风并远离电源线 0.5m 不漏电的地方。

（4）当环境湿度大于 90％时，报警距离准确度要受影响，使用时需要注意。

二、安全带

1. 安全带的作用

安全带是高空作业工人预防坠落伤亡的防护用品，它广泛用于发电、供电、火

（水）电建设和电力机械修造部门。在架空线路杆塔上和变电所户外构架上进行安装、检修、施工时，为防止作业人员从高空摔跌，必须使用安全带予以防护，否则就可能出事故。

【案例 3-5】 违反操作规程引起的触电死亡事故

[事故经过]

某供电局配电修理工甲和乙去用户家检修低压进户线。乙在监护人不在现场的情况下，独自登上 9m 高的水泥杆顶，作业时未扎安全腰带，也未戴绝缘手套。甲发现后也未加阻止。当乙将带电侧的铜绑线破开时，突然右手触电，右脚脱离脚扣，左脚带着脚扣顺杆下滑，当滑到距地面 4m 左右时，人体脱离电杆坠落在地，因伤势过重，抢救无效死亡。

[原因分析]

这是一起严重违章作业引起的人身伤亡事故。工作人员违反了《电业安全工作规程》关于"高空作业必须使用安全带"的规定；监护人甲未阻止乙的违章行为，严重失职。

[事故教训与防范措施]

（1）高空作业必须两人到场，一人作业，一人监护。

（2）高空作业必须使用安全带。

（3）监护人发现危险后应加以制止。

【案例 3-6】 6m 坠落险身亡，只因未系安全带

某年 2 月 17 日，某电业局线路检修班在 10kV 跨越×市海滨线的作业中，作业班长让一名青工登杆合闸送电。该青工未系安全带便爬上杆子约 6m 处，用绝缘棒合好两相刀闸，正待侧身去合上第三相刀闸时，不慎失足摔跌到水泥地面上，造成头部颅底骨折，险些丧命。

【案例 3-7】 安全带未系好，造成脊椎骨骨折

某供电局 35kV 线路停电检修，工作负责人孙×与工人陆×等三人在 76 号杆塔做恢复塔头线的工作。到达现场后陆×等束好安全带（并未检查是否真正束好），站在下横担处转身准备验电时，突然双手向上一抓，人和验电笔一起从 9.8m 处坠落下去，造成休克。到医院检查，脊椎骨压缩性骨折，双下肢失去知觉。事后调查分析发现：陆×身上的安全带围绳弹簧搭扣已不在左边环里，而是误扣在衣服上。系安全带时未检查是否扣好是这次事故的直接原因。

2. 类型与结构

安全带是由带子、绳子和金属配件组成的。根据作业性质的不同，其结构形式也有所不同，主要有围杆作业安全带、悬挂作业安全带两种，见图 3-14。

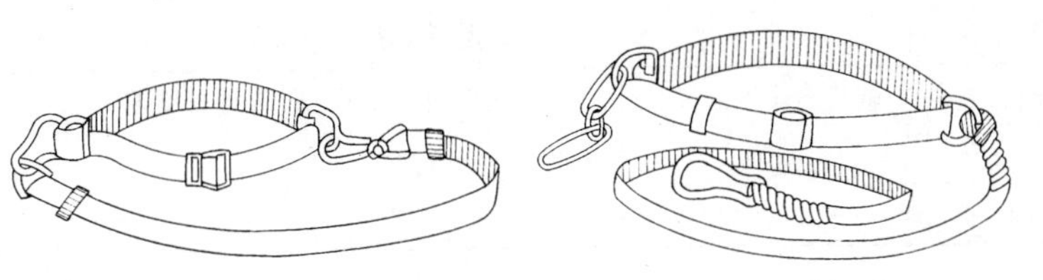

图 3 - 14 安全带类型

(a) 围杆带；(b) 悬挂带

3. 适用范围

围杆作业安全带适用于电工、电信工等杆上作业；悬挂作业安全带适用于建筑、安装等工作。

4. 材料

安全带和绳必须用锦纶、维尼纶、蚕丝等材料制作。但因蚕丝原料少、成本高，故目前多以锦纶为主要材料。电工围杆带可用黄牛革制作，金属配件用普通碳素钢或铝合金钢制作。

5. 质量标准

安全带的质量指标主要是破断强度，即要求安全带在一定静拉力试验时不破断为合格；在冲击试验时，以各配件不破断为合格。

6. 使用和保管注意事项

(1) 安全带使用前，必须作一次外观检查，如发现破损、变质及金属配件有断裂者，应禁止使用，平时不用时也应一个月作一次外观检查。

(2) 安全带应高挂低用或水平拴挂。高挂低用就是将安全带的绳挂在高处，人在下面工作；水平拴挂就是使用单腰带时，将安全带系在腰部，绳的挂钩挂在和带同一水平的位置，人和挂钩保持差不多等于绳长的距离。切忌低挂高用，并应将活梁卡子系紧。

(3) 安全带使用和存放时，应避免接触高温、明火和酸类物质及有锐角的坚硬物体和化学药物。

(4) 安全带可放入低温水中，用肥皂轻轻擦洗，再用清水漂干净，然后晾干，不允许浸入热水中及在日光下暴晒或用火烤。

(5) 安全带上的各种部件不得任意拆掉，更换新绳时要注意加绳套，带子使用期为 3～5 年，发现异常应提前报废。

7. 试验及标准

安全带的试验周期为半年，试验标准见表 3 - 10。

表 3-10　　　　　安全带试验标准

名　称		试验静拉力（N）	试验周期	外表检查周期	试验时间（min）
安全带	大皮带	2205	半年一次	每月一次	5
	小皮带	1470			—

三、携带型短路接地线

高压电气设备停电检修或进行其他工作时，为了防止停电设备突然来电或邻近带电设备对停电设备产生感应电压，需要将停电设备三相短路接地，设备断电后的剩余电荷，也可以因为接地而放掉。在变电站设计时已配备了一些固定位置的接地开关，但仍有相当多的变配电装置和线路在停电检修时需使用携带型短路接地线。

携带型短路接地线可以制成分相式和组合式两种，分别如图 3-15、图 3-16 所示。

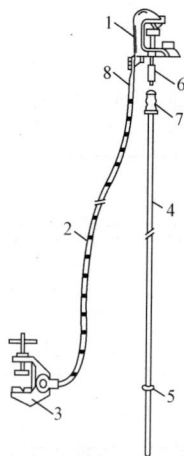

图 3-15　分相式携带型短路接地线
1—导线端线夹；2—短路线；3—接地端线夹；4—接地操作棒；5—接地操作棒护环；6—导线端线夹紧固件；7—接地操作棒上紧固头；8—多股软导线上的线鼻

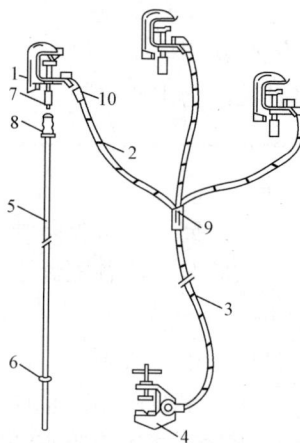

图 3-16　组合式携带型短路接地线
1—导线端线夹；2—短路线；3—接地引线；4—接地端线夹；5—接地操作棒；6—接地操作棒护环；7—导线端线夹紧固件；8—接地操作棒上紧固头；9—汇流夹；10—多股软导线上的线鼻

1. 携带型短路接地线的主要技术要求

（1）按使用要求装设的接地线应能承受设计规定的故障电流，在使用周期内应能经受正常使用时的磨损和拉扯，而不改变原有的特性。

（2）短路线和接地线应为多股铜质软绞线或编织线，并具有柔软滑润耐高温的特点，绞线外覆盖透明绝缘层。

（3）线夹应用铜或铝合金材料制成，应保证与电气设备的连接处接触良好，并应符合短路电流下的动、热稳定要求。线夹钳口可制成平面式和腭状式，适用于铜、铝排母线和架空线路。

2. 携带型短路接地线的选择

选用携带型短路接地线时，应先确定使用场合。根据悬挂点可能出现的最大故障电流选择短路线的截面，以保证在任何情况下发生短路时，短路线均不致熔断。根据地线悬挂点导体的形状、尺寸选择导体端线夹的型号、口径，以保证线夹能和导体接触良好。根据设备电压的高低选择接地线的等级。对于输电线路还要根据线路情况确定使用分相式还是组合式。一般选择短路线的截面，选用接地线时不应小于 25mm²，以保证有足够的机械强度，也不必大于被接地导线的等值面积。用于 330kV 及以上电压等级输电线路的携带型短路接地线，为方便携带，接地线截面不宜大于 70mm² 并应采用分相式。如仍不能满足要求，可考虑在每一相挂两条接地线。

3. 携带型短路接地线使用、维护注意事项

（1）使用携带型短路接地线前，必须经验电确认停电设备上确已无电压。应先将接地端线夹连接到接地网或地极上，然后用绝缘棒分别将导线端线夹逐相夹紧在设备或导线上。拆除短路接地线时，顺序和上述相反。

（2）装设短路接地线时，和带电设备的距离应考虑接地线摆动的影响。

（3）严禁不用线夹而用缠绕的方法进行短路和接地。

（4）需挂接地线处如无固定接地点，可用临时接地极；临时接地极接地棒埋入地下深度应不小于 0.6m。

（5）携带型短路接地线应妥善保管，不得随地乱丢。每次使用前均应检查外观是否完好，软导线应无裸露，螺母应无松脱，否则不得使用。

（6）接地线应统一编号，存放在固定位置，存放处也应对应编号，用完后对号入座，以免发生漏拆接地线而送电的误操作事故。

（7）短路接地线经受额定短路电流冲击后，一般应报废。

四、梯子和高凳

梯子和高凳可用木材制作，也可用竹料制作，要求坚固可靠并应能承受工作人员携带工具攀登时的重量。

梯子分为人字梯和靠梯两种，如图 3-17 所示。为了限制人字梯的开脚度，两侧间加拉链或拉绳。为了防滑，在光滑坚硬的地面使用的梯子，梯脚应加橡胶套垫；在泥土地面上使用的梯子，梯脚应加铁尖。为了避免靠梯翻倒，梯脚与墙之间的距离不得小于梯长的 1/4；为了避免滑落，梯脚与墙之间的距离不得大于梯长的 1/2。

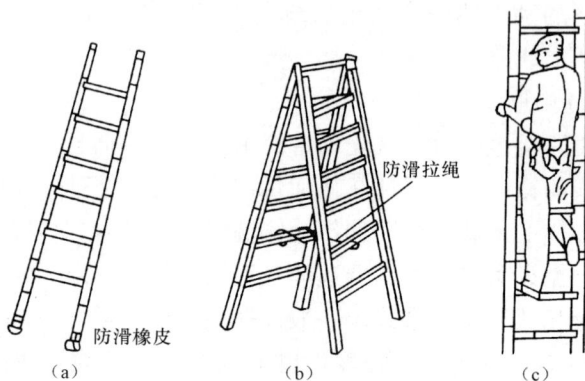

防滑拉绳

防滑橡皮

（a）　　　　　　　　（b）　　　　　　　（c）

图 3-17　梯子

（a）直（靠）梯；（b）人字梯；（c）靠梯站立姿势

在梯子上工作时，梯顶一般不应低于工作人员腰部，切忌工作人员站在梯子的最高档上工作。

五、脚扣和登高板

脚扣是登杆用具，分木杆用脚扣和水泥杆用脚扣两种。脚扣主要用钢材料制成。木杆用脚扣的半圆形抱环上及根部有向内突出的小齿，以刺入木杆起到防滑作用。水泥杆用脚扣的半圆形抱环上及根部装有橡胶垫起防滑作用。如图 3-18 所示。

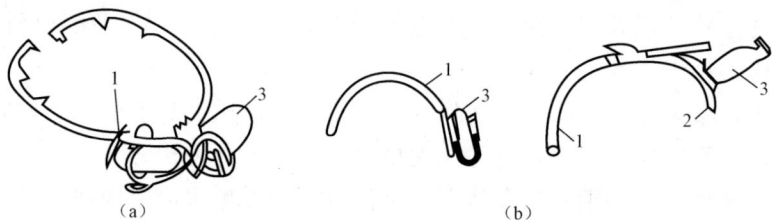

（a）　　　　　　　　　　　　（b）

图 3-18　脚扣

（a）木杆用脚扣；（b）水泥杆用脚扣

1—环抱；2—橡胶垫；3—踏板

登高杆又叫升降板，主要由简易的木板和绳子组成。如图 3-19 所示。

六、防毒用具

在有毒气体的场所作业或进行工程抢修时，现场人员要有防中毒措施，佩带防毒用具可有效地预防中毒事故的发生。常用的防毒用具分过滤式和隔离式两大类。

过滤式防毒面具分为全面罩式和半面罩式两种，主要有头罩或面罩、导气管、滤毒罐组成。隔离式防毒面具又划分为自动式、送风式、自吸式三种，主要由面罩、导气管、气瓶组成。根据电力行业对防毒用具的使用，现仅对过滤式防毒面具进行介绍。

对防毒面具的性能和结构的基本要求是：必须对有害气体、蒸汽和气溶胶有足够的防御能力，安全可靠，佩带舒适，使用方便。

防毒面具的部件组装必须严密、牢固、不易被损坏，保持良好的气密。组件还应容易更换，更换后应保持原有性能。

过滤式防毒面具使用及保管注意事项如下：

（1）面罩与口鼻、面部密合良好，佩戴方便、合适，无明显压痛感。头戴式面罩的系带应有足够的弹性和强度，并能调节松紧。全面罩型应有通话装置，以便在现场与其他人员联系。

图 3-19 登高板

（2）眼窗应保持干净，透明度良好。

（3）呼吸气阀与呼吸道畅通，启动灵敏，闭锁严密，在内外压力平衡时，保持良好的密闭状态，呼吸气阀应有保持装置，以防使用时造成角度倾斜、阀片漏气现象。

（4）导气管的长度以不妨碍头部活动为易，与滤毒罐的连接，应采用防毒面具专用圆螺纹，以保证结合部位的气密性和连接强度。

（5）滤毒罐的滤毒剂装填均实，以免发生偏流现象。

（6）滤毒剂要按厂家规定定期更换，以保证滤毒性能。防毒用具要按厂家规定试验其有关性能，否则不准使用。

（7）防毒用具应妥善保管，有防尖、防污染措施，不与坚硬物和化学药物共同存放，使用前后进行外部检查。

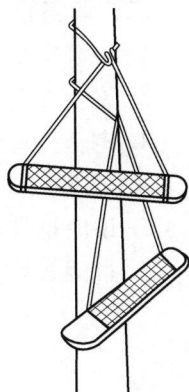

思考与练习

一、填空题

1. _____是用来保护使用者头部或减缓外来物体冲击伤害的个人防护用品。

2. 普通型安全帽主要由_____、_____、_____、_____、_____构成。

3. _____是高空作业工人预防坠落伤亡的防护用品。

4. 安全带的结构形式主要有_____安全带和_____安全带两种。

5. 携带型短路接地线可以制成_____和_____两种。

6. _____用具可能效地预防中毒事故的发生。常用的防毒用具_____和_____两大类。

二、简答题

1. 说明安全帽的保护原理。

2. 说明安全带的使用和保管注意事项。

3. 携带型短路接地线的作用是什么？

4. 携带型短路接地线有哪些技术要求？

5. 说明携带型短路接地线使用、维护注意事项。

6. 过滤式防毒面具使用及保管注意事项有哪些？

单元四

安 全 防 护 技 术

课题一 电 气 安 全 间 距

学习目标

1. 知道设置安全间距的目的。

2. 知道各种电气专业规程中规定的安全间距。

3. 知道电力线路安全间距。

知识点

1. 设置安全间距的目的。

2. 各种电气专业规程中规定的安全间距。

3. 电力线路的安全间距。

技能点

能够主动与带电体和带电线路间保持一定的安全距离。

学习内容

一、设置安全间距的目的

安全间距是指在带电体与地面之间、带电体与其他设施、设备之间、带电体与带电体之间保持的一定安全距离，简称间距。设置安全间距的目的是：①防止人体触及或接近带电体造成触电事故；②防止车辆或其他物体碰撞或过分接近带电体造成事故；③防止电气短路事故、过电压放电和火灾事故；④便于操作。安全间距的大小取决于电压高低、设备类型、安装方式等因素。

【案例 4-1】 在电力线路附近作业触电死亡事故

[事故经过]

某区新建热电厂开始实施集中供热。区房管处为某厂的宿舍楼安装暖气。9月17日下午开始给丙家安装。丙家五楼窗外有一凉台，安装用的一些材料从外面用绳索直接吊上去。水暖工甲、水暖工乙和协助安装的丙站在花台上，下面的几位工人捆好一根 6.13m 长的铁管，上面的三人合力向上拽拉。当拉到花台边缘时，需

105

将竖直方向的铁管改为水平方向进入窗户，于是三人用力将铁管上端向下压。铁管的另一端碰触到 10kV 高压线路上，顿时一声响，一团火光，三人同时被击倒，身子压住铁管，弧光放电将三人多处烧焦，长达 20 多分钟，水暖工甲、乙从花台上坠落，丙倒在花台上，三人同时惨死。

［原因分析］

由于 6.13m 长的铁管很难从楼梯搬上去，于是决定用绳索吊上去。施工时施工负责人没有注意到离工程师丙家凉台外 2.4m 处有一条 10kV 的电力线路，也没有向参加施工的人员交代，更谈不上采取措施保证安全。虽然有的工人看到电力线路，但认为不会碰到它，所以没有加以注意。

［事故教训及防范措施］

这起事故的主要原因是施工中违反有关规定，从窗户向楼内吊运安装材料。电力线路就架设在眼前，在事故发生前，谁也没有注意到它是一只会吃人的"电老虎"，待到事故发生后已追悔莫及。

据某市统计，仅从 1986 年至 1991 年的 6 年中，在电力线路附近进行建筑施工、起重吊装、地质钻探、架设安装、搬运长大物体等作业时触及电力线路死亡 36 人。

预防这类事故，既不需要尖端技术，也不需要耗费太多财物，更不需要贵重设备，只需要加强管理，采取适当措施。

（1）经常在电力线路附近作业的单位应制订相应的规章制度，根据情况提出在电力线路附近作业的方法。

（2）在电力线路附近作业时必须有确保安全的组织措施和技术措施。

（3）组织措施是指领导亲临现场，制订施工方案，安排有经验、责任心强的人担任现场指挥，设立专人、专职进行现场监护；作业前在现场对全体参加作业的人员进行安全教育，做好安全技术措施交底和落实工作。

（4）技术措施是指作业时设备和人员与电力线路应保持的安全距离。如果达不到安全距离要求，应采取可靠的安全技术措施。例如停电措施或设置绝缘屏护墙、篱笆墙、尼龙安全网等。

（5）在易触及地区的配电线路应尽量采用绝缘导线或电缆供电。

二、电气规程中规定的安全间距

在电气专业规程中，根据工作需要规定了各种不同的安全距离，这些都可以在有关资料中查到。这里主要介绍《高压配电装置设计技术规程》和《电业安全工作规程》中的有关规定，以供参考。这些安全距离概括起来主要有以下四个方面：

（1）设备带电部分至接地部分和设备不同相带电部分间的安全距离（A）。上述安全距离，随电压等级不同而异。其具体数值见表 4-1。

表 4-1　　　　　　　　　　　各种不同电压等级的 A 值　　　　　　　　　　单位：cm

设备额定电压（kV）		1～3	6	10	35	60	110	220j*	330j	500j
带电部分至接地部分（A_1）	屋内（A_{1n}）	7.5	10	12.5	30	55	95	180	260	380
	屋外（A_{1w}）	20	20	20	40	60	100	180	260	380
不同相的带电部分之间（A_2）	屋内（A_{2n}）	7.5	10	12.5	30	55	100	—	—	—
	屋外（A_{2w}）	20	20	20	40	60	110	200	280	420

* 设备额定电压数字后面的 j 系指中性点直接接地系统。

（2）设备带电部分至各种遮栏间的安全距离（B）。因为一般现场遮栏有三种，即栅栏、网状遮栏和板状遮栏，故安全距离也规定了三种，见表 4-2。

表 4-2　　　　　　　　　　设备带电部分至各种遮栏的 B 值　　　　　　　　单位：cm

设备额定电压（kV）		1～3	6	10	35	60	110	220j*	330j	500j
带电部分至栅栏（B_1）	屋内（B_{1n}）	82.5	85	87.5	105	130	170	—	—	—
	屋外（B_{1w}）	95	95	95	115	135	175	255	335	450
带电部分网状遮栏（B_2）	屋内（B_{2n}）	17.5	20	22.5	40	65	105	—	—	—
	屋外（B_{2w}）	30	30	30	50	70	110	190	270	500
带电部分至板状遮栏（B_3）	屋内（B_{3n}）	10.5	13	15.5	33	58	98	—	—	—

* 设备额定电压数字后面的 j 指中性点直接接地系统。

（3）无遮栏裸导体至地面间的安全距离（C）见表 4-3。

表 4-3　　　　　　　　　　无遮栏裸导体至地面间的 C 值　　　　　　　　单位：cm

设备额定电压（kV）		1～3	6	10	35	60	110	220j	330j	500j
无遮栏裸导体至地面间的距离	屋内（C_n）	237.5	240	242.5	260	285	325	—	—	—
	屋外（C_w）	270	270	270	290	310	350	430	510	750

（4）工作人员在设备维护检修时与设备带电部分间的距离。考虑到对设备维护检修时的下述三种情况：

1）设备不停电的情况下，仅对设备进行一般性的检查维护。

2）部分设备停电检修，而邻近设备带电运行。

3）在设备上带电作业。规定了三种安全距离 D_1、D_2、D_3，具体数值见表4-4。

表4-4 工作人员在设备维护检修时与带电部分间的 **D** 值 单位：cm

设备额定电压（kV）	10 及以下	20～35	44	60	110	154	220	330
设备不停电时的安全距离（D_1）	70	100	120	150	150	200	300	400
工作人员工作中正常活动范围与带电设备的安全距离（D_2）	35	60	90	150	150	200	300	400
带电作业时人体与带电导体间的安全距离（D_3）	40	60	60	70	100	140	180	260

一般性的检查维护是指清扫设备基础，在已接地的注油设备上取油样，用钳形电流表测量电流等；检查是指巡视检查，在设备的固定遮栏外进行。

在高压设备部分停电检修时，为了保证人身安全，规定了一个基本的安全距离 D_2，要求检修时工作人员正常活动范围与设备带电部分的距离不允许小于 D_2，否则必须将设备全部停电。

由于在带电作业时采取了一系列措施，所以在保证工作人员安全的基础上，安全裕度可适当减小一些。安全距离减小了，作业范围扩大了，过去必须停电才能检修的工作，有的在带电情况下也可以进行，因而大大减少了停电次数。

三、电力线路的安全间距

1. 架空线路

架空线路所用导线可以是裸线，也可以是绝缘线，但是即使是绝缘线，如是露天架设，导线绝缘也会因导线发热和经风吹日晒老化而极易损坏。因此，架空线路的导线与地面、与各种工程设施、与建筑物、与树木、与其他线路之间，以及同一线路的导线与导线之间均应保持一定的安全距离。除新安装的线路或大修后的线路外，运行中的旧线路也应保持足够的安全距离。

（1）架空线路导线与地面（或水面）的安全距离，不应低于表4-5所列数值。

表4-5 导线与地面（或水面）的最小距离 单位：m

线路经过地区	线 路 电 压		
	1kV 及以下	10kV	35kV
居民区	6	6.5	7
非居民区	5	5.5	6
不能通航的河、湖（至冬季水面）	5	5	5.5
交通困难地区	4	4.5	5

（2）架空线路导线与建筑物的安全距离。架空线路应尽量避免跨越建筑物，尤其不应跨越用燃烧材料作屋顶的建筑物。如架空线路必须跨越建筑物时，应与有关

主管部门取得联系并征得同意。架空线路与建筑物的距离不应低于表4-6的数值。

表4-6 导线与建筑物的最小距离 单位：m

线路电压	1kV 及以下	10kV	35kV
垂直距离	2.5	3.0	4.0
水平距离	1.0	1.5	3.0

（3）架空线路导线与街道或厂区树木的安全距离不应低于表4-7的数值。

表4-7 导线与树木的最小距离 单位：m

线路电压	1kV 及以下	10kV	35kV
垂直距离	1.0	1.5	3.0
水平距离	1.0	2.0	—

（4）线路导线间的最小安全距离不得低于表4-8所列数值。

表4-8 架空线路导线间最小距离 单位：m

档距（m）	40 及以下	50	60	70	80	90	100	110	120
高压（kV）	0.6	0.65	0.7	0.75	0.85	0.9	1.0	1.05	1.15
低压（kV）	0.3	0.4	0.45	0.5	—	—	—	—	—

注 1. 表中所列数值适用于导线的各类排列方式；
   2. 靠近电杆的两导线间的水平距离不应小于0.5m。

（5）同杆线路的导线间最小安全距离。几种线路同杆架设时应与有关主管部门联系并取得同意，而且必须保证电力线路在通信线路上方，高压线路在低压线路上方。其线路间距不应低于表4-9所列数值。

表4-9 同杆线路的最小距离 单位：m

项目	直线杆	分支（或转角）杆
10kV 与 10kV	0.8	0.45/0.60*
10kV 与低压	1.2	1.0
低压与低压	0.6	0.3
低压与弱压	1.5	1.2

* 转角或分支线横担距上面的横担采用0.45m，距下面的横担采用0.6m。

2. 接户线和进户线

接户线是指从配电网到用户进线处第一个支持物之间的一段导线；进户线是指从接户线引入到室内之间的一段导线。其安全距离分述如下：

（1）10kV接户线对地距离不应小于4.5m。

（2）低压接户线对地距离不应小于 2.75m。

（3）低压接户线跨越通车街道时，对地距离不应小于 6m；跨越通车困难的街道或人行道时，不得小于 3.5m。

（4）低压接户线与建筑物有关部分的距离，不应小于下列数值：

1）与接户线下方窗户的垂直距离 30cm。

2）与接户线上方阳台或窗户的垂直距离 80cm。

3）与窗户或阳台的水平距离 75cm。

4）与墙壁、构架的距离 5cm。

另外，低压接户线的档距不宜越过 25m，档距超过 25m 时宜设接户杆。

（5）低压接户线的线间距离不应小于表 4－10 所列数值。

表 4－10　　　　　　　　低压接户线的线间距离

架　设　方　式	档距（m）	线间距离（m）
自电杆上到下	25 及以下	15
	25 以上	20
沿墙敷设	6 及以下	10
	6 以上	15

（6）低压进户线进线管口对地面距离不应小于 2.75m；高压一般不应小于 4.5m；进户线进线管口与接户线端头之间的距离一般不应超过 0.5m。

❓ 思考与练习

一、填空题

　　　　　　是指从配电网到用户进线处第一个支持物之间的一段导线；　　　　　　是指从接户线引入到室内之间的一段导线。

二、简答题

1. 什么是安全间距？安全间距的作用是什么？

2. 工作人员在设备维护检修时与设备带电部分间的距离为多少？对设备维护检修时应注意哪些问题？

课题二　电气设备接地与接零

学习目标

1. 知道 TN、TT、IT 所表示的意义。

2. 知道接地装置的构成和接地的种类。

3. 明白保护接地、保护接零、工作接地的作用、原理。

知识点

1. TN、TT、IT 所表示的意义。

2. 接地装置的构成和接地的种类。

3. 保护接地、保护接零、工作接地的作用、原理。

技能点

能够正确利用保护接地、保护接零、工作接地的作用原理解决工作中的问题。

学习内容

保护接地、保护接零是间接触电防护措施中最基本的措施。间接触电防护措施是指防止人体各个部位触及正常情况下不带电，而在故障情况下才变为带电的电器金属部分的技术措施。

一、符号意义

1. 字母表示方法及含义

第一个字母表示电力系统的对地关系：T——直接接地；I——所有带电部分与地绝缘或一点经阻抗接地。第二个字母表示装置的外露可导电部分的对地关系；T——外露可导电部分对地直接做电气连接，此接地点与电力系统的接地点无直接关系；N——外露可导电部分通过保护线与电力系统的接地点直接做电气连接。

在 TN 系统中，为了表示中性导体和保护导体的组合关系，有时在 TN 代号后面还附加以下字母：S——中性线和保护线是分开的；C——中性线和保护线是合一的。

2. TN 系统

电力系统有一点直接接地，电气装置的外露可导电部分通过保护线与该接地点相连接。TN 系统分类如下：

（1）TN-S 系统。整个系统的中性线 N 与保护线 PE 是分开的，通常称为三相五线制系统，如图 4-1 所示。

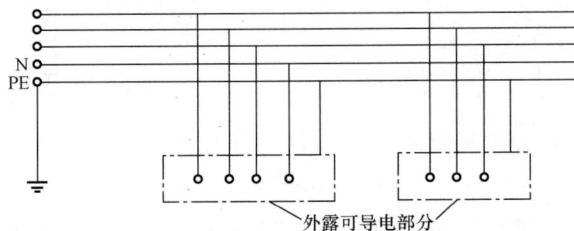

图 4-1　TN-S 系统

（2）TN‐C 系统。整个系统的中性线 N 与保护线 PE 是合一的，即 PEN 线，通常称之为三相四线制系统，如图 4‐2 所示。

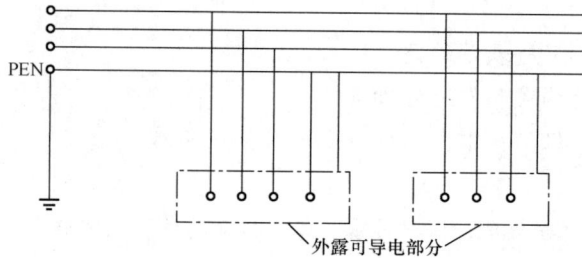

图 4‐2 TN‐C 系统

（3）TN‐C‐S 系统。系统中有一部分线路的中性线与保护线合一，另一部分的中性线与保护线是分开的供电系统，如图 4‐3 所示。

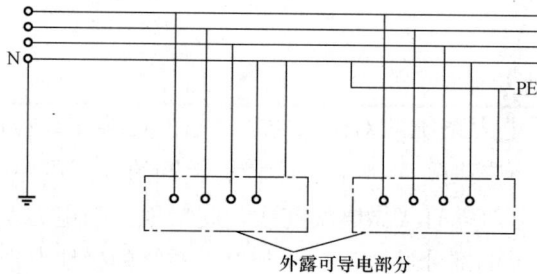

图 4‐3 TN‐C‐S 系统

3．TT 系统

电力系统有一点直接接地，电气设备的外露可导电部分通过保护接地线 PE 接至与电力系统接地点无关的接地极，如图 4‐4 所示。

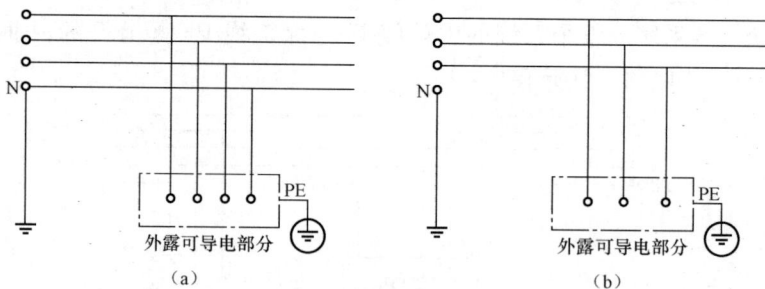

图 4‐4 TT 系统

（a）有 N 线；（b）无 N 线

4．IT 系统

电力系统与大地间不直接连接，电气装置的外露可导电部分通过保护接地线 PE 与接地体连接，如图4-5所示。

二、基本概念

1．接地

把电气设备的某一金属部分通过导体与土壤作良好的电气连接称为接地。

2．接地体

又称接地极，指埋入地下直接与土壤接触的金属导体和金属导体组。利用地下的金

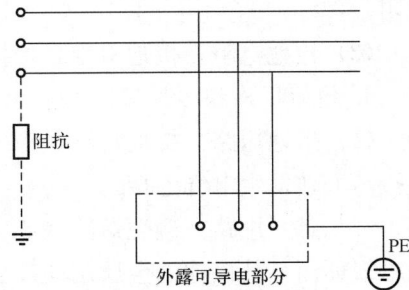

图4-5 IT 系统

属管道、建筑物的钢筋基础等作为接地体的称为自然接地体；按设计规范要求埋设的金属接地体称为人工接地体。

3．接地引线

连接电气设备接地部分与接地体的金属导线称为接地引线，是接地电流由接地部位传导至大地的途径。接地线中沿建筑物表面敷设的共用部分称为接地干线；电气设备金属外壳连接至接地干线部分称为接地支线。

4．接地装置

接地体和接地线的组合称为接地装置。接地装置示意如图4-6所示。

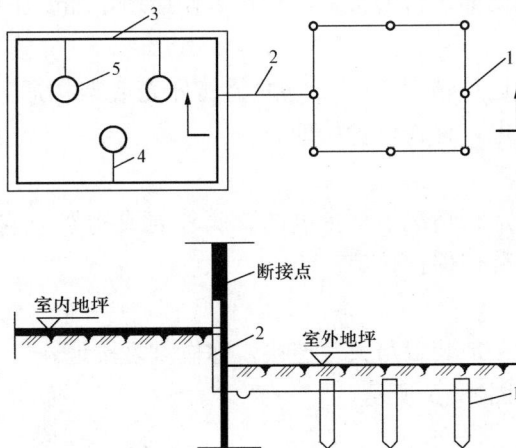

图4-6 接地装置示意

1—接地体；2—接地引下线；3—接地干线；

4—接地分支线；5—被保护电气设备

113

5. 流散电阻和接地电阻

（1）接地体的流散电阻。接地电流自接地体向周围大地流散时所遇到的全部电阻。

（2）接地电阻。接地电阻是指接地体的流散电阻和接地体电阻的总和。

6. 接地短路和接地短路电流

（1）接地短路。接地短路是指电气设备的带电部分偶尔与接地金属构架连接或直接与大地发生电气连接。

（2）碰壳短路。碰壳短路（或碰壳）是指当电机、电器或线路的带电部分由于绝缘损坏而与其接地的金属结构部分发生连接。

（3）接地短路电流。接地短路电流（或接地电流）是指当发生接地短路或碰壳短路时，经接地短路点流入地中的电流。

7. 电气"地"和对地电压

（1）电气"地"。当电气设备发生接地短路时，在距离单根接地体或接地短路点 20m 以外的地方，电位接近于零，电位等于零的地方即称为电气"地"。

（2）对地电压。电气设备的接地部分（如接地外壳和接地体等）与零位"地"之间的电位差。

三、接地的种类

1. 工作接地

根据电网运行需要而进行的接地，称作工作接地，如变压器中性点接地。

2. 保护接地

将电气设备正常运行情况下不带电的金属外壳或架构通过接地装置与大地连接，用来防护间接触电，称作保护接地。

3. 保护接零

将电气设备正常运行情况下不带电的金属外壳或构架与电网的零线直接连接，用来防护间接触电，称作保护接零。

4. 重复接地

零线的多处通过接地装置与大地连接，称作重复接地。

几种接地方式如图 4-7 所示。

四、保护接地

保护接地应用十分广泛，是防止间接触电的重要技术措施之一。

1. 防止触电的原理

（1）电气设备外壳无保护接地时的危险。当电动机正常工作时，其外壳不带电，触及外壳的人并无危险。一旦电动机的绝缘损坏，其外壳将带电并长期存在着

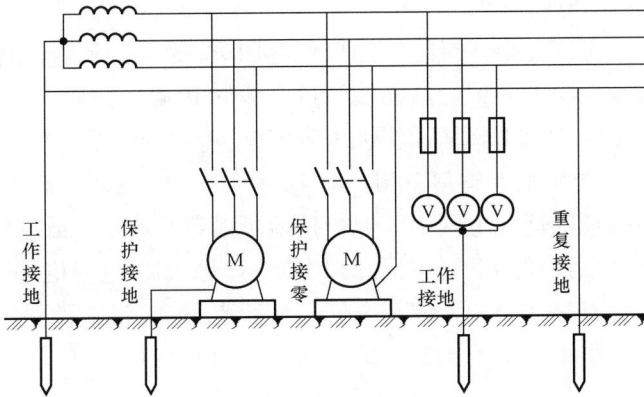

图 4-7　工作接地、保护接地、保护接零、重复接地示意

电压，该电压数值接近于相电压，当人体触及带电的电动机外壳时，就会发生单相触电，如图 4-8（a）所示。

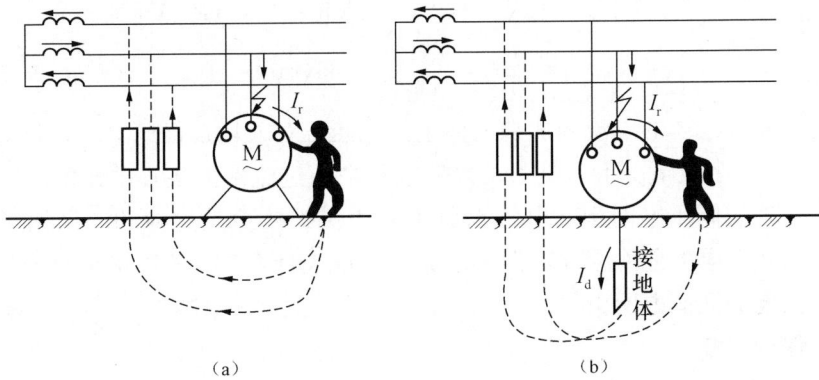

（a）　　　　　　　　　　　　（b）

图 4-8　中性点不接地系统的保护接地原理

（a）无保护接地时；（b）有保护接地时

（2）保护接地的作用。当电动机装设了接地保护时，如图 4-8（b）所示，如果电动机外壳带电，则接地短路电流将同时沿着接地体和人体与电网对地绝缘阻抗 Z 形成两条通路，流过每一条通路的电流值将与其电阻大小成反比，即

$$\frac{I_r}{I_d} = \frac{R_d}{R_r} \quad (R_d \ll R_r) \tag{4-1}$$

式中　I_r——流过人体的电流；

I_d——流过接地体的电流；

R_d——接地体的接地电阻；

R_r——人体的电阻。

由式（4-1）可以看出，接地体的接地电阻 R_d 越小，流经人体的电流也就越小，只要控制接地电阻的阻值，就能使流过人体的电流小于安全电流，把人体的接触电压降低到安全电压以下，从而保证人身安全。

2. 保护接地的局限性及适用范围

在中性点不接地的低压电网中，保护接地可以有效地防止或减轻间接触电的危险，但在中性点直接接地的电网中情况则有所不同。如果电动机外壳带电，则接地短路电流将同时沿着接地体和人体与电网中性线电阻 R_g 形成两条通路，而一般中性线的电阻要求要很小（小于 4Ω），即

$$R_\Sigma = R_g + \frac{R_d R_r}{R_d + R_r}$$

$$I_\Sigma = \frac{U_x}{R_\Sigma} = \frac{U_x}{R_g + \dfrac{R_d R_r}{R_d + R_r}} = \frac{220}{4 + \dfrac{4 \times 1700}{4 + 1700}} \approx 27.5(\text{A})$$

$$U_r = U_x - I_\Sigma R_g = 220 - 27.5 \times 4 = 110(\text{V})$$

$$I_r = \frac{U_r}{R_r} = \frac{110}{1700} = 65(\text{mA})$$

此时，通过人体的电流和加在人体上的电压，对人均是很危险的，且故障电流 $I_\Sigma = 27.5\text{A}$，在多数情况下，是不足以使电路中的过流保护装置动作的。因此在中性点直接接地的低压电网中，电气设备不采用保护接地是危险的。采用了保护接地，仅能减轻触电的危险程度，但不能完全保证人身安全。所以保护接地只适用于中性点不接地的低压电网中。

五、保护接零

1. 保护接零的适用范围

保护接零适用于三相四线制中性点直接接地的低压电力系统中。当采用保护接零时，除电源变压器的中性点必须采取工作接地外，零线要在规定的地点采取重复接地。

2. 保护原理

（1）未采取接零措施。

在电源中性点已接地的三相四线中，电气设备正常运行时，外壳不带电，不会发生事故。若设备发生绝缘损坏，外壳带电时，如图 4-9（a）所示，尽管中性点接地良好，工作人员仍有触电危险。这是因为设备与地、零线之间没有金属连接，设备外壳上将带有电压。当人体触及设备外壳时，将发生触电，流过人体的电流为

$$I_r = U_x/(R_r + R_g) \quad (R_g \ll R_r) \tag{4-2}$$

式中 U_x——相电压；

$\qquad R_g$——中性点接地电阻；

$\qquad R_r$——人体电阻。

若人体电阻 R_r 以 1700Ω 计，R_g 以 4Ω 计，则当 U_x 为 $220V$ 时，流过人体的电流为

$$I_r = U_x/(R_r + R_g) = 220/(4 + 1700) = 0.129(A)$$

$$U_x = 0.129 \times 1700 = 219(V)$$

这些数值显然已大大超过人体所能承受的最大电流及最大电压值。

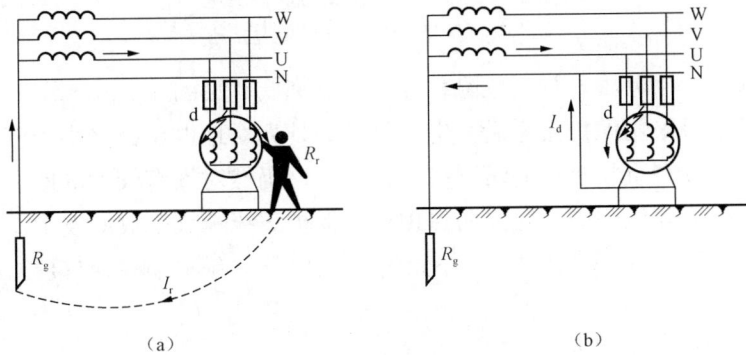

图 4 - 9　接零保护原理示意图

(a) 未采用接零措施；(b) 已采用接零措施

（2）采用保护接零。

如图 5 - 9（b）所示，此时 U 相（d 点）绝缘损坏，导致相线碰到外壳，接地短路电流 I_d 将通过该相和零线构成回路。由于零线阻抗很小，所以单相短路电流很大，可大大超过低压断路器或继电保护装置的整定值，或超过熔断器额定电流的几倍至几十倍，从而使线路上的保护装置迅速动作，切断电源，使设备外壳不再带电，消除了人体触电的危险，起到保护作用（若在电源未切断前触及带电设备还是很危险的）。

3. 重复接地的作用

前面已讲，重复接地可减小零线断线时的触电危险。

（1）没有重复接地时如断线点后一台电机发生故障，如图 4 - 10（a）所示。则因为 $R_g \ll R_r$，所以断线点前面的电动机外壳上的电压接近于零。

断线点后面的保护线对地电压接近于相电压，因此断线点后的所有电机外壳上的电压将带上相电压。

（2）重复接地时，断线两边的对地电压分别为 $U_0 = I_d R_0$ 和 $U_c = I_r R_c$。显然，

117

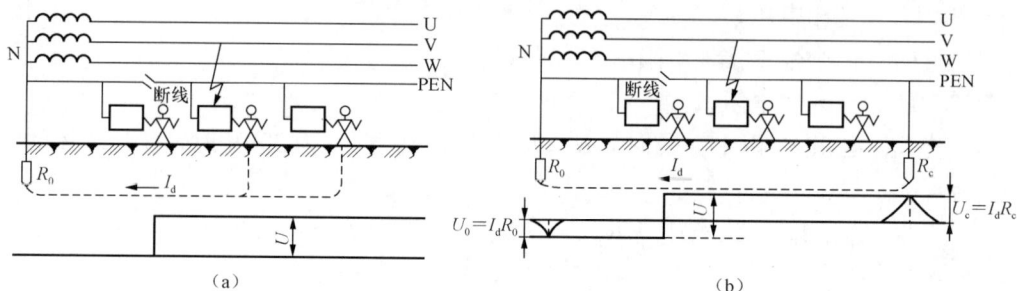

图 4 - 10　零线断线与设备漏电

(a) 无重复接地；(b) 有重复接地

U_0 和 U_c 都低于相电压，触电危险程度就得以降低 [见图 4 - 10 (b)]。

　　断线点前后采用保护接零后，电气设备的外壳对地电压都将小于相电压，触电的危险程度比没有重复接地的情况有所减轻，但仍然对人有较大的威胁。为此，在接零装置的施工和运行中，应谨防保护线或保护零线断线事故的发生。

　　重复接地还可降低漏电设备外壳的对地电压，缩短碰壳或接地短路持续的时间。

　　4. 对接零装置的要求

　　(1) 零线上不能装熔断器和断路器，以防止零线回路断开时，零线出现相电压而引起触电事故。

　　(2) 在同一低压电网中（指同一台变压器或同一台发电机供电的低压电网），不允许将一部分电气设备采用保护接地，而另一部分电气设备采用保护接零，否则接地设备发生碰壳故障时，零线电位升高，接触电压可达到相电压的数值，增大了触电的危险性。

　　(3) 在接三眼插座时，应注意：①不准将插座上接电源零线的孔同接地线的孔串接。如图 4 - 11 (a) 所示，否则零线松掉或折断，就会使设备金属外壳带电；②不能将零线和相线接反。如图 4 - 11 (b) 所示，否则也会使外壳带电；③正确的接法是接电源零线的孔同接地的孔分别用导线接到零线上，如图 4 - 11 (c) 所示。

　　六、工作接地

　　工作接地的作用有以下几点：

　　(1) 降低人体的接触电压。

　　在中性点绝缘系统中，当发生一相碰地而人体又触及另一相时，人体所承受的是线电压（380V），如图 4 - 12 (a) 所示。

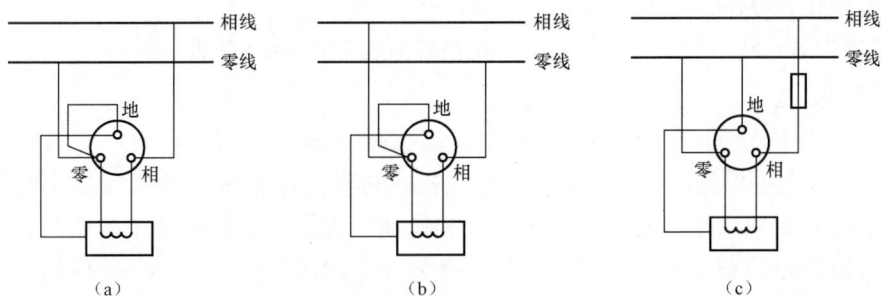

图 4 - 11　三眼插座接法示意图

(a) 错误接法一；(b) 错误接法二；(c) 正确接法

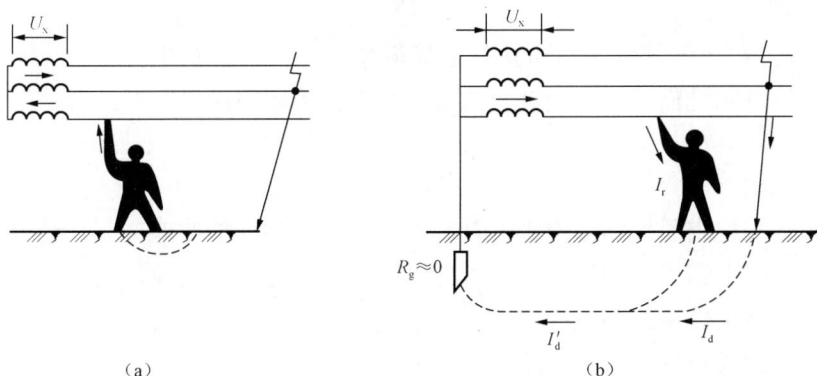

图 4 - 12　工作接地示意图

(a) 中性点绝缘系统；(b) 中性点接地系统

而电源中性点接地后，情况就不同了，因中性点的接地电阻 R_g 很小（或近于零），与地间的电位差亦近于零。当发生一相碰地而人体触及另一相时，人体所承受到的接触电压将不再是线电压（380V），而接近或等于相电压（220V），如图 4 - 12（b）所示。

（2）迅速切断电源。

在中性点绝缘系统中，当一相碰地时，由于接地电流很小，故保护设备不能迅速动作切断电源，因此接地故障将长时间持续下去，这对人身是很不安全的。

在中性点接地系统中，当一相碰地时，接地电流成为很大的单相短路电流，它能使保护装置迅速动作而切断电源，从而保证人体免于触电。

（3）降低电气设备和输电线路的绝缘水平。

降低了电气设备和输电线路的绝缘水平，可降低电气设备的制造成本和输电线的建设费用，从而节省投资。

【案例 4-2】 相、地线接错使外壳带电，发生触电事故

［事故经过］

某年 11 月 7 日，某电器铸造厂铲车司机孙×因家中需要，向厂工具间借了一只 220V 铁壳手枪钻。回家后，孙×私自把手枪钻三眼插头改为二眼插头使用。使用完毕将电源插头接线复原时，将相线和接地线接错。次日归还手枪钻时，工具管理人员未进行检查就收回。当天下午，孙×在厂内因工作需要，再次借用了这把手枪钻，当插上电源后，因外壳带电，孙×触电死亡。

［原因分析］

（1）孙×不懂电气安全技术知识，将相线和接地线接错，致使手枪钻金属外壳带电。

（2）使用 220V 手枪钻没有按规定戴绝缘手套、穿绝缘鞋。

（3）手枪钻乱借乱用，无健全的制度约束，借用前后又无专人检测，安全管理工作差。

［防范措施］

（1）定期检查手枪钻的绝缘电阻、引线、插头和保护接地（零）线。

（2）加强电钻借出的管理，严格把好借出、归还检查的验收关，严禁非电工人员私拆、私装更换插头和接线。

（3）注意配戴绝缘防护用品。

【案例 4-3】 保护接零不规范造成的触电死亡事故

［事故经过］

某年 4 月 28 日，某疗养院大楼电热水炉间安装了六台 K-220 型全自动电热水器。7 月 23 日为使电热水器抬高而进行了加垒水泥台的改造。7 月 24 日 7：30左右，39 岁的泥瓦工张×进入疗养大楼 3 楼开水间，准备从事泥瓦工作业时，手触电热水器，即被电热水器漏电击倒，且热水器压在其身上，经抢救无效死亡。

［原因分析］

在安装电热开水器过程中，有以下方面是错误的，导致事故的发生。

（1）违反有关接零、接地保护的规定，无接零保护，接地保护不符合要求，导致人体触电。

（2）接地装置接在可能被经常打开和卸下的门板上。

（3）接地装置使用多种金属连接，特别是铜—铝的接触，将产生严重的电化学腐蚀，使接地保护失效。

（4）接地螺钉应是单独的，不能与其他安装螺钉混用。

（5）产品本身无电源插座和接地线，安装时临时到市场上购买插头和电线，且接地线太细，利用自来水管接地。

（6）发生漏电的电热水器中有一个电加热管被击穿，造成漏电。

[防范措施]

（1）按规定正确安装保护接零，接地电阻应小于 4Ω。

（2）要正确使用电源插座和保护线。单相电源插座要使用三孔插座。

（3）安装漏电保护器。

思考与练习

一、填空题

1. _____ 、_____ 是间接触电防护措施中最基本的措施。

2. 间接触电防护措施是指防止人体各个部位触及正常情况下_____，而在故障情况下才变为_____的技术措施。

3. _____ 是指接地电流自接地体向周围大地流散时所遇到的全部电阻。接地电阻指_____ 和_____ 的总和。

4. _____ 是指正常工作时通过接地装置流入地下，与大地形成工作回路的电流；_____ 是指系统发生故障时出现的接地电流。

二、名词解释

1. TN 系统

2. TN - C 系统

3. TN - S 系统

4. TT 系统

5. IT 系统

6. 接地

7. 接地体

8. 接地引线

9. 接地装置

10. 接地电阻

11. 接地电流

12. 接地短路电流

13. 电气"地"

14. 对地电压

三、简答题

1. 什么是保护接地？保护接地的作用原理是什么？
2. 说明保护接零的含义、工作原理和适用范围。
3. 什么是重复接地？重复接地的作用是什么？
4. 对接零装置的要求是什么？
5. 什么是工作接地？工作接地的作用是什么？

课题三　漏电保护装置

学习目标

1. 知道漏电保护断路器的作用、原理、应用。
2. 知道漏电保护方式。

知识点

1. 漏电保护断路器的作用、原理、应用。
2. 漏电保护方式。

技能点

能够正确使用漏电保护装置。

学习内容

低压配电线路的故障主要是三相短路、两相短路及接地故障。由于相间短路产生很大的短路电流，故可用熔断器、断路器等开关设备来自动切断电源。因此其保护动作值按超过正常负荷电流整定，动作值较大，而人体触电等接地故障靠熔断器、断路器一般是难以自动切除，或者其灵敏度满足不了要求。保护接地、保护接零是防止间接触电常用的保护措施。但是保护接地要求很小的接地电阻，困难很多，特别是移动式或手持式工具难以实现接地保护。采用漏电保护器作为间接触电的防护措施则可弥补这些缺陷。

漏电保护器（又称漏电保安器），是一种在规定条件下，当漏电电流达到或超过给定值时，便能自动断开电路的一种机械式开关电器或组合电器。

一、漏电保护器作用及类型

1. 作用

漏电保护器作用就是防止电气设备和线路等漏电引起人身触电事故。它能够在设备漏电、外壳呈现危险的对地电压时自动切断电源。在 1kV 以下的低压电网中，凡有可能触及带电部件或潮湿场所装有电气设备的情况下，都应装设漏电保护装置,以确保人身安全。

2. 类型

低压漏电保护器的种类很多,而且分类方法也不同。常用到的主要有以下几种分类方法。

(1) 按照检测信号和工作原理分类。主要有电流动作型、交流脉冲型和电压动作型。其中电压动作型已趋于淘汰,交流脉冲型主要用于农村低压电网的总保护,应用最多的是电流动作型漏电保护器。

(2) 按照所采用的元件分类。主要有电磁式漏电保护器和电子式漏电保护器两种。

(3) 按照其结构形式分类。主要有漏电开关(漏电断路器)、漏电继电器(组合式漏电保护器)、漏电保护插座等。

漏电开关是指漏电信号检测装置、脱扣装置、跳闸机构等装配在一个绝缘外壳内的一种漏电保护电器,动作后可直接切断主回路电源。

漏电继电器本身并无跳闸机构,不能直接切断主回路电源,而是通过交流接触器或带有分励脱扣的低压断路器来切断电源。

(4) 按照漏电动作电流分类。

高灵敏度型:动作电流在 30mA 及以下,主要用于防止各类人身触电事故,有 6mA、10mA、15mA、30mA 四个等级。

中灵敏度型:动作电流在 30mA 以上、1000mA 及以下,主要用于防止人身触电事故和漏电引起的火灾,有 50mA、75mA、100mA、200mA、300mA、500mA 及 1000mA 七个等级。

低灵敏度型:动作电流在 1000mA 以上,主要用于防止漏电引起的火灾和监视单相接地故障。

(5) 按其动作时间分类。

瞬时型:即动作时间为快速型的漏电保护器,一般动作时间不超过 0.2s。

延时型:在漏电保护器的控制回路中增加了延时电路,使其动作时间达到一定的延时,一般规定一个延时级差为 0.2s。

反时限型:漏电保护器的动作时间随动作电流的增大而在一定范围内缩短。一般电子式漏电保护器都具有一定的反时限特性。

目前广泛使用的是反映零序电流的电流型漏电保护装置。

二、电流型漏电保护断路器的工作原理

下面以电流型漏电保护断路器(如图 4 - 13 所示,电磁脱扣、带互感器、零序电流型)为例说明其工作原理。

(1) 正常工作时,各相电流的相量和等于零,零序电流互感器的环形铁芯所感

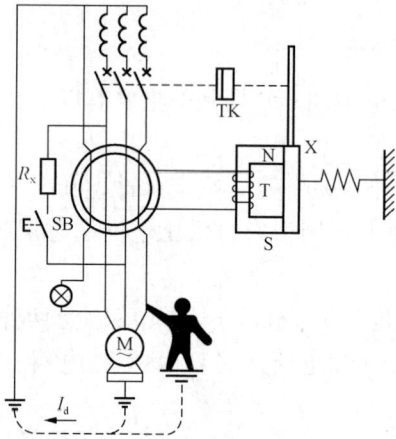

图 4 - 13　电流型漏电开关原理示意图

应磁通的相量和也为零，零序电流互感器的二次绕组中没有感应电压输出，极化电磁铁 T 线圈没有电流流过，T 的吸力克服弹簧反作用力，使衔铁 X 保持在闭合位置，脱扣机构不动作，漏电保护断路器不动作，保持电路正常供电。

（2）当设备漏电或有人单相触电时，通过互感器一次侧各导线电流的相量和不再为零，而是等于漏电流 I_d，这时环形铁芯将有交变磁通产生，在互感器二次绕组中，就有感应电压输出，T 线圈中将有交流电流通过，并产生交变磁通与永久磁铁的磁通叠加，叠加的结果使电磁铁去磁，从而使其对衔铁吸力减小，于是衔铁被弹簧的反作用力拉开，脱扣机构 TK 动作，断路器 QF 断开电源。此外，在图 4 - 13 中，用按钮 SB 和限流电阻 R_x 组成一个试验回路，在使用前可利用断路器上的按钮来检验断路器的动作是否正常。

三、漏电保护方式

农村低压电网一般采用 TT 系统。在 TT 系统中，应装设漏电总保护和漏电末级保护（即二级保护），对于供电范围较大的低压电力网可酌情增设漏电中级保护（即三级保护）。漏电分级保护的配置如图 4 - 14 所示。

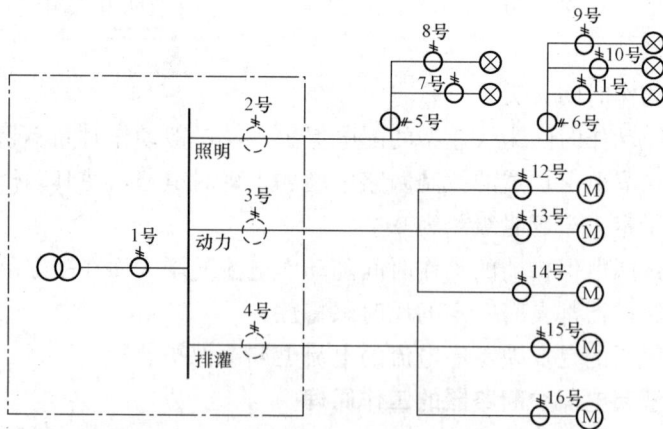

图 4 - 14　漏电分级保护配量示意图

1. 二级保护方式

目前，农村低压电网一般应装设二级保护，即漏电总保护和漏电末级保护。漏电总保护选用如下任一方式：

（1）安装在电源中性点接地线上，如图 4 - 15 所示；

（2）安装在低压侧电源总进线回路上，如图 4 - 14 中的 1 号保护器；

（3）对于动力、照明、排灌实行分线供电的低压电网，当线路漏电电流较大时，也可采用将保护器安装在各分线回路上的方式，如图 4 - 14 中的 2 号、3 号、4 号保护器。总保护的作用主要是排除低压线路中架空线断落在地面上，架空线和拉线、电话线、广播线搭连，架空线和树枝碰触

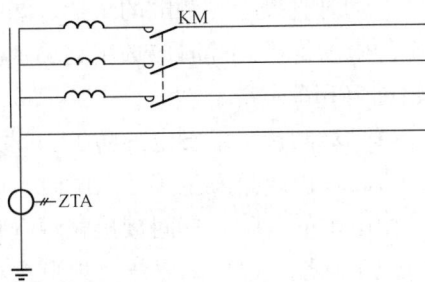

图 4 - 15　安装在电源中性点接
地线上的总保护方式

及电气设备外壳漏电而产生的单相接地故障。它以消除触电事故为目的，同时当末级保护有故障时，能够起到后备保护的作用。

图 4 - 14 中 7 号～16 号保护器为电网的末级保护器。它一般应装在动力配电箱内或用户室内的进户线上。家用漏电开关，一户装一只较好。TT 系统的移动式电器、便携式电器、临时用电设备、手持电动器具，均应装设末级保护。漏电末级保护是以防止直接触电伤亡事故为主要目的。当人身触及带电设备或电气设备漏电时，保护器立即动作，把相应的故障线路或设备电源断开，以防止发生人身触电伤亡或其他事故，同时也保证了其他故障线路和设备的正常运行。

2. 三级保护方式

三级保护方式（即总保护、中级保护、末级保护），如图 4 - 14 中的照明分支线中分别装设了中级保护器 5 号和 6 号。目前在农村低压电网中，建议只在供电范围较大的照明线路中采用。因为农村电网中照明线路质量相对较差，且线路长、分布广、漏电较大、人员接触机会多，采用三级保护后才可满足要求。排灌线路分布少，用电季节性强，可只装设一级保护。但当电网保护器安装于电源总进线回路上时，仍应装设末级保护，采用二级保护方式为好。

漏电中级保护可根据网络分布情况装设在分支配电箱的电源线上，它是各分支线的主保护，以防止间接触电伤亡和漏电，同时兼作末级保护的后备保护。

采用上述分级保护方式，可使供电的可靠性大为提高，同时提高了人身触电时的保护能力。例如，在采用三级保护的照明线路中（见图 4 - 14），若在 9 号末级保护范围内发生事故，只有 9 号保护器跳闸，切断电源，其他用户不受影

响。如9号保护器失灵,由中级保护6号保护器跳闸,其他支路不受影响。万一末级保护9号保护器和中级保护6号保护器都失灵,则还有总保护器1号(或2号)跳闸,切断电源。

四、漏电保护断路器的应用

(1) 对直接接触触电的防护。漏电保护断路器只作为直接接触防护中基本保护措施的附加保护。此时应选用高灵敏度、快速动作型的漏电保护断路器,动作电流不超过30mA。

(2) 对间接接触触电的防护。间接接触触电防护,主要是采用自动切断电源的保护方式,以防止发生接地故障时,电气设备的外露可导电部分持续带有危险电压而产生电击的危险。在间接接触触电防护中,采用自动切断电源的漏电保护断路器时,应正确地与电网的系统接地形式相配合。

五、漏电保护装置选用

漏电总保护一般应选用延时型的漏电继电器配用交流接触器或带分励脱扣器的低压断路器,或选用电子式延时动作型的漏电开关。当选用前者时,最好选用带一次重合功能的。经实践证明,它在农村低压电网中具有明显的优点,有利于提高供电可靠性和保护器的选送率,受到农村电工的普遍欢迎。但是必须注意,只能重合一次,并经20~60s后才能重合,以保证人脱离电源和电力机械由满载变为空载后再启动。

对于还没有采用分级保护的低压电网,若采用普遍的电流型保护器,将会造成漏电保护器的频繁跳闸或因动作电流太大而失去保护作用。就兼顾电网合成漏电电流较大、保护器难投运和提高触电保护效果而言,选用脉冲型漏电保护器作总保护较为优越。

漏电中级保护及三相动力电源的末级保护,宜采用具有漏电、短路及过负荷保护性能的漏电断路器。

单相漏电末级保护,应选用漏电保护和短路保护为主的漏电断路器。

【案例4-4】　零线断线造成的触电死亡事故

[事故经过]

一天晚上,张×和其他工人一起将火车上的粮食搬运到粮场堆起,张×在火车上负责将粮包抬到皮带输送机上。因天气太热,张×脱掉衣服光着身子继续干活。当张×一手扶住货车门框,另一手触到皮带运输机架子时,突然触电,摔下火车死亡。

[原因分析]

张×是触电死亡。经检查,皮带运输机的电气线路和电动机绝缘情况良好,加装的接零保护也无问题，工作现场没有其他可触及的电气设备，那么电是从何处来的呢？

后经检查，在工作现场附近有一照明灯。当照明灯的开关合上后灯不亮，与大地绝缘的皮带运输机的金属部分却带电，电压值等于相对地电压。根据此情况判断，皮带运输机带电的原因是零线上某处断线造成的。经过沿线寻找，在距事故地点150m远处的零干线上发现由铜线过渡到铝线时，接线处严重氧化腐蚀，接触不良，使零线处于断线状态。这样当照明灯合上开关后电路不通，但电压却沿着零线和皮带运输机的保护零线加到皮带运输机的金属结构上，当张×手摸皮带机，另一手把住货车门框时，电流通过两手、货车和铁轨入地回到电源，形成通路，使张×触电死亡。如图4-16所示。

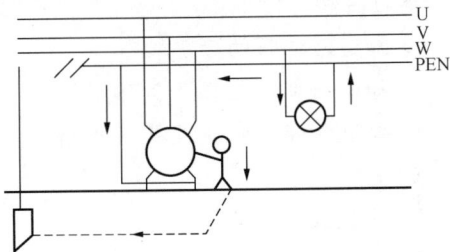

图4-16　TN-C系统零线断线

[事故教训和防范措施]

（1）零线接线特别是零干线断线，是一种严重的故障状态。由于零干线断线，造成中性点漂移，三相电压不平衡，使单相电气设备烧损，特别是居民供电区域内，将使家用电器烧毁。更严重的是将使断线处以后所有采用保护接零设备的金属外壳带电，严重危及人身安全。尽管可以采取重复接地的补救措施，但并不能解决根本问题，所以保证零线的连接可靠、接触良好是很重要的。

（2）由于铜铝接触时会产生电化学作用，加快接触处的氧化、腐蚀，使接触不良。为保证零线的安全可靠性，一般不应该采用铜、铝线两种金属材料连接。在必须这样做时，应采用过渡性连接材料或其他措施，并应定期进行检查。

（3）电气设备应采用漏电保护器加以保护。

思考与练习

一、填空题

1.漏电开关动作后可直接切断_____。漏电继电器本身并无_____，不能直接切断_____，而是通过交流接触器或带有分励脱扣的_____来切断电源。

2.漏电保护器保护方式有_____和_____两种。

3.漏电保护器的两级保护方式是指_____和_____；三级保护方式是指_____、_____和_____。

二、简答题

1. 什么是漏电保护器？它的作用是什么？
2. 说明电流型漏电保护断路器的工作原理。

课题四　过电压及其防护

学习目标

1. 知道过电压的分类。
2. 知道内部过电压及其防护措施。
3. 知道外部过电压及其防护措施。

知识点

1. 过电压的分类。
2. 内部过电压及其防护措施。
3. 外部过电压及其防护措施。

技能点

会进行内部过电压、外部过电压的防护。

学习内容

一、过电压的分类

电气设备在正常运行时，所承受的电压为其相应的额定电压。但由于各种原因可能出现电压升高的现象，破坏设备的绝缘。这种对绝缘有危险的电压升高称为过电压。电气设备的绝缘在长期耐受工作电压的同时还必须能够承受一定幅度的过电压，这样才能保证电力系统安全可靠地运行。过电压分外部过电压和内部过电压两大类。

二、内部过电压及其防护

1. 内部过电压的原因

内部过电压是由电力系统内部运行方式发生改变而引起的过电压。有暂态过电压、操作过电压和谐振过电压。

暂态过电压是由于断路器操作或发生短路故障，使电力系统经历过渡过程以后重新达到某种暂时稳定的情况下所出现的过电压，又称工频过电压。常见的有：①空载长线电容效应。在工频电源作用下，由于远距离空载线路电容效应的积累，使沿线电压分布不等，末端电压最高。②不对称短路接地。在小接地电流系统三相线路中，其中一相接地短路时，另外两相上的电压会升高。③甩负荷过电压，输电线路因发生故障而被迫突然甩掉负荷时，由于电源电动势尚未及时自动调节而引起的过电压。

操作过电压是由于进行断路器操作或发生突然短路而引起的衰减较快、持续时间较短的过电压，常见的有：①空载线路合闸和重合闸过电压。②切除空载线路过电压。③切断空载变压器过电压。④弧光接地过电压。

谐振过电压是电力系统中电感、电容等储能元件在某些接线方式下与电源频率发生谐振所造成的过电压。一般按起因分为：①线性谐振过电压。②铁磁谐振过电压。③参量谐振过电压。

2. 限制内部过电压的措施

（1）限制线路合闸和重合闸过电压措施：①使用带并联电阻的断路器。②在线路侧安装电磁式电压互感器。③采用单相重合闸装置。④在线路首端或末端安装金属氧化物避雷器。⑤采用同步合闸。

（2）限制切断空载线路过电压措施：①提高断路器的灭弧性能，特别是切断小电流的性能，可以减少甚至消除电弧重燃的可能性，从而降低或根本上消除切断空载线路过电压。②采用带并联电阻的开关。

（3）限制切断空载变压器的过电压措施：①使用带并联电阻的开关（因为并联电阻能够使变压器的磁场能量得以释放），或用防护大气过电压的避雷器来限制。②将被切断空载变压器带有一段电缆或架空线。这就等于加大了开关中流过的电容电流，会使变压器的特性阻抗减小，故在截流值一定时，过电压将降低。

（4）限制电弧接地过电压措施：①可以将中性点直接接地。②采用消弧线圈消除电弧接地过电压。

（5）限制铁磁谐振过电压措施：在操作前与设计时先进行必要的考虑，或采取一定措施来防止其发生或限制其存在的时间以免形成谐振回路。

（6）限制电磁式电压互感器饱和过电压的措施：①在互感器三角绕组开口端接入一个电阻 R，使谐振不能产生。②选用激磁特性较好的电磁式电压互感器或电容式电压互感器。③可采取临时倒闸措施，如投入事先规定好的某些线路与设备或电容器，以增加对地电容，使谐振不发生。

三、外部过电压的防护

外部过电压又称雷电过电压、大气过电压。由大气中的雷云对地面放电而引起的，分直击雷过电压和感应雷过电压两种。

直击雷过电压是雷闪直接击中电气设备导电部分或线路时所出现的过电压。直击雷过电压幅值可达上百万伏，会破坏电气设施绝缘，引起短路接地故障。

感应雷过电压是雷闪击中电气设备或线路附近地面，在放电过程中由于空间电磁场的急剧变化而使未直接遭受雷击的电气设备或线路上感应出的过电压。

防雷保护的基本措施就是设置避雷针、避雷线、避雷器和接地装置。其原理：避雷针是明显高出被保护物体的金属支柱，当雷云先导放电临近地面时首先击中避雷针，使被保护物免遭直接雷击。避雷线，通常又称架空地线，它主要是适应架空输电线路而设置的，功用与避雷针相似，也是处于较高位置承受雷击，使线路得到保护。避雷器多设置在被保护的电气设备（例如变压器）附近，主要保护电气设备免遭由线路传来的雷电冲击波的袭击。一旦有雷电冲击波传入，避雷器会首先放电，限制了电压幅值，使电气设备受到保护。

由此可见，防雷措施冠以"避雷"二字，是指能使被保护物体避免雷击的意思，而它们自己却是引雷上身。接地装置是特意埋设于地下的一组导体。它的作用是减小避雷针（线）或避雷器与大地（零电位）之间的电阻值，以达到降低雷电冲击电压幅值的目的。

1. 避雷针

避雷针是经常采用的防护直击雷装置。一套完整的避雷针装置包括接闪器、引下线和接地装置。避雷针利用尖端放电的原理，即当雷云放电时使地面电场畸变，从而在避雷针的顶端形成局部场强集中的空间以影响雷闪先导放电的发展方向，使雷云对避雷针放电并将雷电流泄入地中，以达到保护附近的建筑物和电力设备免遭雷击的目的。通常，避雷针用于发电厂和变电站的直击雷保护。

避雷针的接闪器可采用直径为 16mm、长为 $1\sim2$m 的钢棒。接地引下线应保证雷电流通过时不致熔化。通常，直径为 8mm 的圆钢或截面积不小于 $48mm^2$、厚度不小于 4mm 的扁钢便可以满足接地引下线的要求，也可以利用钢筋混凝土杆的钢筋或钢构架本身作为接地引下线。接地引下线与接闪器和接地装置之间以及接地引下线本身的接头都应可靠连接。连接处不允许用绞合的办法，而必须用焊接或线夹、螺钉。

避雷针必须高于被保护物，但避雷针在雷云—大地这个大电场中的影响却是很有限的。雷云在高空随机飘移，先导放电的开始阶段随机地向地面的任意方向发展，只有当发展到距离地面某一高度 H 后，才会在一定范围内受到避雷针的影响而对避雷针放电。H 称为定向高度，与避雷针的高度 h 有关。据模拟实验当 $h\leqslant$ 30m 时，$H\approx20h$；当 $h>30$m 时，$H\approx600$m。

受避雷针保护的空间是有一定范围的，避雷针的保护范围可由模拟实验和运行经验来确定。所谓保护范围，是指被保护物遭受直接雷击的概率仅为 0.1% 左右的空间范围。

避雷针的保护范围与避雷针的高度、根数、被保护物的高度及避雷针间距有关。本书只介绍单支避雷针的保护范围。

如图 4-17 所示，避雷针的保护范围是一个锥形空间。这个锥形空间的确定是：假设避雷针的高度为 h，从针的顶点向下作与针成 45°的斜线，构成锥形保护空间的上部；从距针底沿地面各方向 $1.5h$ 处向针 $0.75h$ 高处作连接线，与上述 45°的斜线相交，交点以下的斜线构成了锥形保护空间的下部，一般用保护半径来表征避雷针的保护范围。

$$r_x = (h - h_x)p \qquad (h_x \geqslant h/2) \qquad (4-3)$$
$$r_x = (1.5h - 2h_x)p \qquad (h_x < h/2) \qquad (4-4)$$

式中　h——避雷针高度，m；

　　　h_x——被保护物体高度，m；

　　　r_x——保护半径，m；

　　　p——避雷针高度影响系数。

$h \leqslant 30$m 时，$p=1$；30m$<h<120$m 时，$p=5.5\sqrt{h}$；$h>120$m 时按照 120m 计算。

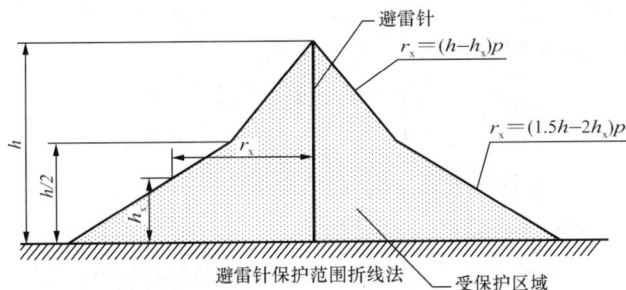

图 4-17　避雷针的保护范围

实际问题多是已知 h_x，根据被保护物体的宽度和它与避雷针的相对位置确定所要求的 r_x，然后再计算出 h。

工程上多采用两根以及多根避雷针，以扩大保护范围。

2. 避雷线

避雷线（即架空地线）的作用原理与避雷针相同，主要用于输电线路的保护，也可用来保护发电厂和变电所，近年来许多国家都采用避雷线保护 500kV 大型超高压变电站。对于输电线路，避雷线除了防止雷电直击导线外，同时还有分流作用，以减少流经杆塔入地的雷电流，从而降低塔顶电位。而且避雷线对导线的耦合作用还可降低导线上的感应过电压。

避雷线的保护范围由避雷线悬挂高度、被保护物高度和避雷线条数有关。如图 4-18 所示，避雷线的保护范围是一个带状的区域，由避雷线向下作与其铅垂面成

25°的斜面，构成保护空间的上部。在$h/2$处转折，与地面上离避雷线水平距离为$h \cdot p$的直线相连的平面，构成保护空间的下部。

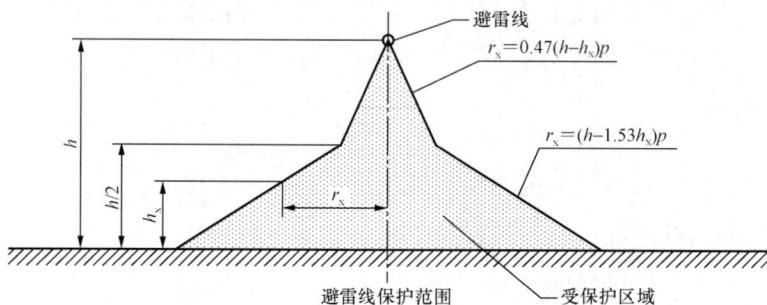

图 4-18　避雷线的保护范围

避雷线的保护范围，通常用保护角（避雷线与外侧导线之间的夹角）α来表示，保护角一般取为 20°～30°，这时即认为导线已处于避雷线的保护范围之内。对 220kV 线路、330kV 线路，一般取 $\alpha = 20°$ 左右，对于 500kV 线路，一般取 α 不大于 15°。山区宜采用较小的保护角。

$$r_x = 0.47(h - h_x)p \qquad (h_x \geqslant h/2) \tag{4-5}$$

$$r_x = (h - 1.53h_x)p \qquad (h_x < h/2) \tag{4-6}$$

【案例 4-5】　雷击造成跳闸，线路遭受损失

［事故经过］

某年 6 月 9 日 17 时 43 分，某供电局 110kV 望贤变电站 35kV 望丽线雷击造成 304 开关越级跳主变压器 301 开关。事故损失电量 1.8 万 kWh。

2008 年 8 月 27 日 19：18 分开始，某市区天气突变，雷害导致某电网三条 35kV 和二条 110kV 线路跳闸。35kV 西堆（西郊变电站至堆龙变电站）双回线跳闸，造成减供负荷 13.9MW，损失电量 2.18 万 kWh，经济损失 10246 元。同时造成 110kV 城西（城东变电站—西郊变电站）双回线跳闸，西郊变电站 35kV 火西（火电厂变电站至西郊变电站）Ⅱ 回 542 开关跳闸，35kV 西金 Ⅱ 回发生单相接地故障。

［事故原因及暴露问题］

这两起事故都是因恶劣天气使线路遭受雷击引起，同时也说明部分线路的防雷害水平不高。

3. 避雷器

输电线路一旦遭受雷击（对线路本身可能是直击雷过电压，也可能是感应雷过电压或者是反击过电压），雷电波将沿线路侵入发、变电所或建筑物而危及电气设

备。这些都是避雷针（线）所不能解决的问题。另外，同样电压等级的电气设备比线路的绝缘水平低得多。为了将这种侵入波过电压限制在电气设备的耐压值之内，可用避雷器来保护。

避雷器是专门用以限制沿线路传来的雷电过电压或操作过电压的一种电气设备。避雷器与避雷针的保护原理不同，它实质上是一个放电器，与被保护的电气设备并联，当作用在被保护电气设备及避雷器上的电压升高到一定程度，并超过避雷器的放电电压后，避雷器先放电，从而限制了过电压的发展，保护了其他电气设备。

对运行中的避雷器应满足以下基本要求：

（1）当雷电过电压达到或超过避雷器动作电压时，避雷器应可靠动作，使雷电流泄入大地，以降低作用于设备上的过电压。

（2）在雷电过电压作用之后，避雷器应能在规定时间内迅速切断工频电压作用下的工频续流，使系统尽快恢复正常，避免供电中断。避雷器一旦在冲击电压下放电，就造成了系统对地的短路，此后虽然雷电过电压瞬间就消失，但持续作用的工频电压却在避雷器中形成工频短路电流，称为工频续流，一般以电弧放电的形式存在。一般要求避雷器在第一次电流过零时即应切断工频续流，从而使电力系统在开关尚未跳闸时即能够继续正常工作。

（3）避雷器应具备的性能。残压（雷电流在避雷器上所形成的压降）较低，伏秒特性应比较平坦，便于绝缘配合；具有较强的通流能力；不应产生高幅值的截波，以免造成被保护设备绝缘的损害。

避雷器有四种基本类型，即保护间隙、管型避雷器、阀式避雷器及氧化锌避雷器。其中以氧化锌避雷器的保护性能最为优越，在实际应用中已经取代了前面三种传统型避雷器（即保护间隙、管型避雷器和阀式避雷器）。

4. 防雷接地装置

防雷接地装置向大地泄放雷电流，目的是减小雷电流通过接地装置的地电位升高。与电力系统的其他接地相比，防雷接地有两个显著特点。

（1）通过接地装置的雷电流幅值大。通过接地装置的雷电流的幅值大，就会使地中电流密度增大，因而提高了土壤中的电场强度，在接地体附近尤为显著。若此电场强度超过土壤击穿场强时，在接地体周围的土壤中便会发生局部火花放电，使土壤导电性增大，接地电阻减小。因此，同一接地装置在幅值很高的冲击电流作用下，其接地电阻要小于工频电流下的数值。

（2）通过接地装置的雷电流的等值频率较高。通过接地装置的雷电流有高频特性，接地体自身电感的影响增加，阻碍电流向接地体远端流通，使接地体本身的电抗增大，对于长度长的接地体这种影响更加明显。结果会使接地体得不到充分利用，使接地装置的电阻值大于工频接地装置电阻值。

防雷接地电阻一般是指冲击接地电阻。接地电阻值视防雷种类、建筑物和构筑物类别而定。防直击雷的接地电阻，对于第一类工业、第二类工业和第一类民用建筑物和构筑物，不得大于 10Ω；对于第三类工业建筑物和构筑物，不得大于 $20\sim30\Omega$；对于第二类民用建筑物和构筑物，不得大于 $10\sim30\Omega$。防雷电感应的接地电阻不得大于 $5\sim10\Omega$。防雷电侵入波的接地电阻一般不得大于 $5\sim30\Omega$。

工程实用的接地装置主要是用扁钢、圆钢、角钢或钢管组成，埋于地表下 $0.5\sim1m$ 处。水平接地体多用扁钢，宽度一般为 $20\sim40mm$，厚度不小于 $4mm$，或者用直径不小于 $6mm$ 的圆钢。垂直接地体一般用角钢或钢管，长度约取 $2.5m$。根据接地装置的敷设地点，又分为输电线路接地及变电站接地。

高压输电线路在每一基杆塔下一般都设有接地装置，并通过引线与避雷线相连，其目的是使击中避雷线的雷电流通过较低的接地电阻而进入大地。高压线路杆塔都有混凝土基础，它也起着接地体的作用，称为自然接地电阻。大多数情况依靠自然接地电阻是不能满足要求的，需要装设人工接地装置。

发电厂和变电站内要有良好的接地装置以满足工作、安全和防雷保护的接地要求。一般的做法是根据安全和工作接地要求敷设一个统一的接地网，然后再在避雷针和避雷器下面增加接地体以满足防雷接地要求。

【案例 4－6】　雷击造成线路跳闸

[事故经过]

某年 6 月 10 日 02：01，某供电局 110kV 变电站由于遭受强降雨及雷电袭击，10kV52BPT 柜内避雷器爆炸，PT 柜内三相短路，造成 110kV 2 号变压器低压侧 502A 开关跳闸、高压侧 102 开关跳闸、10kV Ⅱ 母线失压。事故损失电量 19.6 万kWh。

[事故原因及暴露问题]

这起事故主要是因雷电引起的事故跳闸，同时也暴露出部分变电站的防雷害水平需要进一步提高。

思考与练习

一、填空题

1. 对绝缘有危险的电压升高称为＿＿＿＿。

2. 过电压分＿＿＿＿和＿＿＿＿两大类。

3. ＿＿＿＿是由电力系统内部运行方式发生改变而引起的过电压。有＿＿＿＿、＿＿＿＿和＿＿＿＿。

4. 外部过电压又称_____、_____。由大气中的雷云对地面放电而引起的，分_____和_____两种。

5. _____是雷闪直接击中电气设备导电部分时所出现的过电压。

6. _____是雷闪击中电气设备附近地面，在放电过程中由于空间电磁场的急剧变化而使未直接遭受雷击的设备或线路上感应出的过电压。

7. _____是明显高出被保护物体的金属支柱，当雷云先导放电临近地面时首先击中避雷针，使被保护物免遭直接雷击。_____主要是适应架空输电线路而设置的，处于较高位置承受雷击，使线路得到保护。_____多设置在被保护的电气设备（例如变压器）附近，主要保护电气设备免遭由线路传来的雷电冲击波的袭击。

8. 避雷针的保护范围与避雷针的_____、_____、_____及避雷针间距有关。

9. 避雷线的保护范围由_____、_____和避雷线条数有关。

10. _____是专门用以限制线路传来的雷电过电压或操作过电压的一种电气设备。

二、简答题

1. 什么是暂态过电压？常见的产生原因有哪些？

2. 什么是操作过电压？常见的产生原因有哪些？

3. 什么是谐振过电压？常见的产生原因有哪些？

4. 限制切断空载线路过电压的措施有哪些？

5. 限制切断空载变压器过电压的措施有哪些？

6. 限制电弧接地过电压的措施有哪些？

7. 限制线路合闸或重合闸过电压的措施有哪些？

8. 限制电磁式电压互感器饱和过电压的措施有哪些？

9. 避雷针的保护范围是如何确定的？

10. 避雷线的保护范围是如何确定的？

11. 对运行中的避雷器应满足哪些基本要求？

12. 与其他接地相比，防雷接地有什么特点？

课题五　电气装置防火与防爆

学习目标

1. 了解电力系统中防火防爆的重要意义。

2. 知道消防与治安管理处罚条例及刑法。

3. 知道常用灭火器的适用范围及其使用方法。

4. 会进行电气火灾的扑救。

知识点

1. 电力系统中防火防爆的重要意义。

2. 消防与治安管理处罚条例及刑法。

3. 常用灭火器的适用范围及其使用方法。

4. 电气火灾的扑救。

技能点

能进行各种火灾的扑救。

学习内容

一、电力系统中防火防爆的意义

在电力系统中，防火防爆工作是一项十分重要的工作，各企业常把防止火灾事故当作反事故重点来对待，这是由于电力系统机构庞大，发电、输电、变电、配电、用电五个环节环环相扣、紧密相关，其技术密集、设备贵重、内在联系紧密。在电力生产过程中使用和储存了大量可燃液体、气体、易燃粉尘、固体燃料和高温高压设备，高温管道、传输电缆密布于各个角落。因此，引发火灾的几率极高。在各电厂、变电站除了设备本身的缺陷外，设计不合理、安装不当、调试不准确、检修不到位、绝缘损坏老化，以及电气设备和线路在运行中过载过热、电弧或电火花的产生都会引起爆炸和火灾。为保障电力系统的正常安全运行，消防环节首当其冲。

【**案例 4-7**】　施工大意，造成四人烧伤。某电力建筑工程公司混凝土班在某电厂网控楼蓄电池室做地坪（地坪材料由 70% 汽油和 30% 沥青混合而成）。为保证地面干净，钢窗用毛毡封闭，施工人员使用 1kW 灯照明，约 10min 后室内起火，造成四名工人严重烧伤。

【**案例 4-8**】　2005 年 5 月 25 日莫斯科时间 25 日 11 点，莫斯科电力公司恰吉诺变电站一个配电设备发生短路，之后发生多次火灾和爆炸事故，为避免电网超负荷运转，发生更大险情，防险装置自动启动，切断了低压线路，造成莫斯科南部地区发生大面积停电事故。事故对城市工业生产、商业活动和交通运输等造成严重影响。

【**案例 4-9**】　2005 年阿尔巴尼亚电力系统发生重大火灾事故，距费尔泽水电站大堤 3km，通往科索沃首都 Prmren 地区的一座 220kV 高压线杆发生爆炸倒塌，引起了巨大火灾，烧毁马蒂区 Saci 水电站。这起重大事故中断了科索沃—阿尔巴尼亚之间电的输送。作为阿尔巴尼亚 3 条重要的输变电线路之一，它的报废破坏了整个变电系统的正常供电，直接影响到旅游区及大部分居民的用电。由于该事故破坏极其严重，影响面广，完全恢复正常供电，至少需要 2 个月的时间。

从以上案例可以看出，火灾无论对设备、人身、企业和社会都带来巨大损失，因此电力行业一定要重视防火防爆工作，一旦灾情发生，要争分夺秒地进行灭火工作。

二、消防与治安管理处罚条例及刑法

在《中华人民共和国治安管理处罚条例》第 26 条中，有关消防管理方面的 8 项规定指出："违反消防管理，有下列第 1 项到第 4 项行为之一的，处 10 日以下拘留、100 元以下罚款或者警告；有第 5 项到第 8 项行为之一的，处 100 元以下罚款或者警告。"

（1）在有易燃易爆物品的地方违反禁令，吸烟、使用明火的。

（2）故意阻碍消防车通行、消防艇航行或者扰乱火灾现场秩序，尚不够刑事处罚的。

（3）拒不执行火场指挥员指挥，影响灭火救灾的。

（4）过失引起火灾，尚未造成严重损失的。

（5）指使或强令他人违反消防安全规定而冒险作业，尚未造成严重后果的。

（6）违反消防安全规定而占用防火间距，或者搭棚、盖房、挖沟、砌墙堵塞消防车通道的。

（7）埋压、圈占或者损坏消火栓、水泵、蓄水池等消防设施，或者将消防器材、设备挪作他用，经公安机关通知不加改正的。

（8）有重大火灾隐患，经公安机关通知不加改正的。

刑法中有关消防内容的条文有：

刑法第 109 条：破坏电力、煤气或者易燃、易爆设备，危害公共安全，尚未造成严重后果的，处 3 年以上、10 年以下有期徒刑。

刑法第 111 条：破坏交通工具、交通设备、电力煤气设备、易燃易爆设备造成严重后果的，处 10 年以上有期徒刑、无期徒刑或者死刑。

刑法第 115 条：违反爆炸性、易燃性、放射性、毒害性、腐蚀性物品的管理规定，在生产、储存、运输、使用中发生重大事故，造成严重后果的，处 3 年以下有期徒刑或者拘役；后果特别严重的，处 3 年以上、7 年以下有期徒刑。

三、常用灭火器的适用范围及其使用方法

消防工作是同火灾斗争的一项专门工作。"工欲善其事，必先利其器"，灭火器就是扑救初起火灾的重要消防器材，为了保证灭火的顺利进行和个人的安全，每个电力工人都应具备一定的防火、灭火知识，正确掌握灭火器材的使用方法，以便有能力将火情限制在最小范围,尽量减少国家财产的损失和人员伤亡。常用灭火器是由筒体、喷头、喷嘴等部件组成的,借助驱动压力可将所充装的灭火剂喷出,达到灭火的目的。灭火器由于结构简单、操作方便、轻便灵活,因此使用范围广。

1. 常用灭火器分类及型号

灭火器的种类很多,按其移动方式可分为手提式和推车式;按驱动灭火剂的动力来源可分为储气瓶式、储压式、化学反应式;按所充装的灭火剂可分为充泡沫、干粉、卤代烷、二氧化碳、酸碱、清水等类型。

我国各种灭火器的型号编制方法如表4-11所示。

表4-11　　　　　　　　　　各种灭火器的型号编制方法

类	组	代号	特征	代号含意	主要参数	
					名称	单位
灭火器 M(灭)	水 S(水)	MS MSQ	酸碱 清水,Q(清)	手提式酸碱灭火器 手提式清水灭火器	灭火剂充装量	L
	泡沫P (泡)	MP MPZ MPT	手提式 舟车式,Z(舟) 推车式,T(推)	手提式泡沫灭火器 舟车式泡沫灭火器 推车式泡沫灭火器		L
	干粉F (粉)	MT MFB MFT	手提式 背负式,B(背) 推车式,T(推)	手提式干粉灭火器 背负式干粉灭火器 推车式干粉灭火器		kg
	二氧化碳T (碳)	MT MTZ MTT	手提式 鸭嘴式,Z(嘴) 推车式,T(推)	手提式二氧化碳灭火器 鸭嘴式二氧化碳灭火器 推车式二氧化碳灭火器		kg
	1211Y (1)	MY MYT	手提式 推车式	手提式1211灭火器 推车式1211灭火器		kg

2. 各式灭火器的原理、使用及维护

(1)泡沫灭火器。泡沫灭火器的结构和使用方法如图4-19所示。

泡沫灭火器的筒身内悬挂装有硫酸铝水溶液的玻璃瓶或聚乙烯塑料制的瓶胆。筒身内装有碳酸氢钠与发泡剂的混合溶液(甘草或皂角等作原料制取的液体)。使用时将筒身颠倒过来,碳酸氢钠与硫酸两溶液混合后发生化学作用,产生大量的二氧化碳跟发泡剂形成泡沫,从喷嘴中喷射出来,覆盖在燃烧物上,使燃烧物隔绝空气和降低温度,达到灭火的目的。但因为泡沫中含有水分,不宜用于扑救遇水发生燃烧或爆炸的物质(如钾、钠、电石等);对于电器火灾,要在切断电源后才能使用泡沫灭火器。使用时，必须注意不要将筒盖、筒底对着人体，以防万一爆炸伤人。

泡沫灭火器只能立着存放。泡沫灭火器用于扑救油脂类、石油类产品及一般固体物质的初起火灾。筒内溶液一般每年更换一次。

（2）二氧化碳灭火器。二氧化碳灭火器的结构和使用方法如图4-20所示。

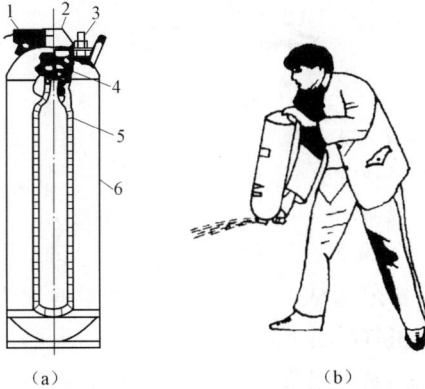

图4-19 泡沫灭火器示意图
(a) 普通式结构；(b) 使用方法
1—喷嘴；2—筒盖；3—螺母；
4—瓶胆盖；5—瓶胆；6—筒身

图4-20 二氧化碳灭火示意图
(a) 结构图；(b) 使用方法
1—启闭阀门；2—器桶；
3—虹吸管；4—喷筒

二氧化碳成液态灌入钢瓶内，在20℃时钢瓶内的压力为6MPa，使用时液态二氧化碳从灭火器喷出后迅速蒸发，变成固体二氧化碳，又称干冰，其温度为-78℃。固体雪花状的二氧化碳在燃烧物体上迅速挥发而变成气体。当二氧化碳气体在空气储量达到30％～35％时，物质燃烧就会停止。

二氧化碳灭火器主要适用于扑救贵重设备、档案资料、仪器仪表、额定电压为600V以下的电器及油脂等的火灾，但不适用于扑灭金属钾、钠的燃烧。它分为手提式和鸭嘴式两种，大容量的二氧化碳灭火器有推车式。

鸭嘴式灭火器的用法：一手拿喷筒对准火源，一手握紧鸭舌，气体即可喷出。二氧化碳导电性差，电压超过600V必须先停电后灭火，二氧化碳怕高温，存放点温度不应超过42℃。使用时不要用手摸金属导管，也不要把喷筒对着人，以防冻伤。喷射方向应顺风。

一般每季检查一次，当二氧化碳质量比额定质量少1/10时，即应灌装。

（3）干粉灭火器。干粉灭火器的构造和使用方法如图4-21所示。

干粉灭火剂是干燥且易于流动的微细粉末，由具有灭火效能的无机盐和少量的

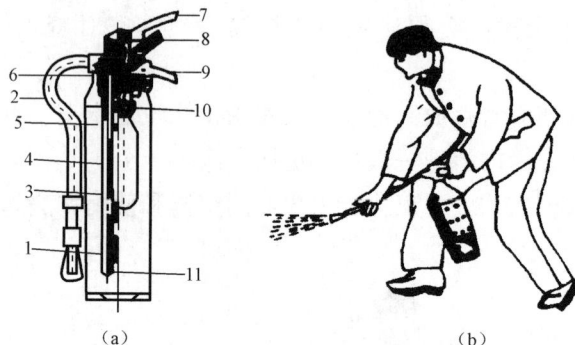

图 4-21　干粉灭火器示意图

(a) 构造；(b) 使用方法

1—进气管；2—喷管；3—出粉管；4—钢瓶；5—粉筒；6—筒盖；7—后把；

8—保险销；9—提把；10—钢字；11—防潮堵

添加剂经干燥、粉碎、混合而成微细固体粉末组成，是目前在消防中得到广泛应用的一种灭火剂。干粉灭火剂主要通过在加压气体作用下喷出的粉雾与火焰接触、混合时发生的物理、化学作用灭火。另外，还有部分稀释氧气和冷却的作用。干粉灭火器主要适用于扑救石油及其产品、可燃气体和电器设备的初起火灾。

使用干粉灭火器时先打开保险销，把喷管口对准火源，另一手紧握导杆提环，将顶针压下，干粉即喷出。

干粉灭火器应保持干燥、密封，以防止干粉结块，同时应防止日光曝晒，防止二氧化碳受热膨胀而发生漏气。干粉灭火器有手提式和推车式两种。

(4) 1211 灭火器。1211 灭火器的构造和使用方法如图 4-22 所示。

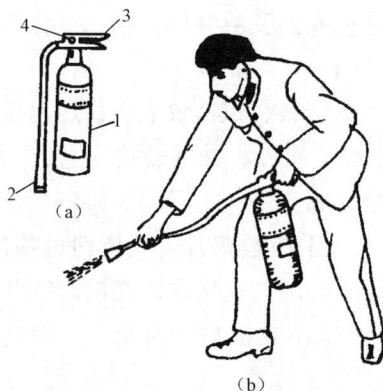

图 4-22　1211 手提式灭火器示意图

(a) 构造；(b) 使用方法

1—筒身；2—喷嘴；3—压把；4—安全销

1211 灭火器是一种使用较广的灭火器，它的钢瓶内装满二氟一氯一溴甲烷的卤化物，分手提和手推式两种。适用于扑救油类、精密机械设备、仪表、电子仪器、设备及文物、图书、档案等贵重物品初起火灾。使用时，拔掉安全销，握紧压把开关，由压杆使密封阀开启，在氮气压力作用下，灭火剂喷出，松开压把开关，喷射即停止。

灭火器不能放置在日照、火烤、潮湿的地方，防止剧烈震动和碰撞。每月检查压力表，低于额定压力 90% 时，应重新充氮；重量低于标明值 90% 时，重新灌药。

（5）其他消防用具。

消火栓是接通消防供水的阀门，与水龙带及其后的水枪接通，可用于扑灭室内外火灾。水枪可根据需要，选用直流（喷射密集充实水流）、开花（既可喷射密集充实水流，又可喷射开花水，用于冷却容器外壁，阻隔辐射热、掩护灭火人员靠近火区）、喷雾型（直流水枪口加装一只双级离心喷雾头，喷出水雾，扑救油类火灾及油浸变压器、油断路器电气设备、煤粉系统火灾）。

四、电气火灾的扑救

电气火灾和爆炸，是指由于电气方面的原因形成火源而引起的火灾和爆炸。电气火灾的两个主要特点：①存在触电的危险；②可能发生设备喷油、爆炸，有使事故迅速扩大蔓延的可能性。所以，发生电气火灾和爆炸事故往往会造成重大的人身伤亡和设备损坏。

发生火灾必须同时具备三个条件：①可燃性物质；②助燃性物质（氧化剂、氧气）；③火源或高温。而爆炸是物质发生剧烈的物理化学变化的过程。物理性爆炸过程中不产生新的物质，而化学性爆炸过程伴随物质间的转化。物理性爆炸往往是物质体积的迅速扩大；化学性爆炸则是在产生新的物质的同时发生体积扩大。

根据火灾与爆炸的特点，我们可以分析电气火灾及爆炸的原因，找出预防措施及扑救方法。

（一）电气火灾与爆炸的原因和预防措施

1. 电气火灾和爆炸的原因

（1）易燃易爆的环境，也就是存在易燃易爆物及助燃物质。电气方面的易燃易爆环境包括固体绝缘物、油漆、绝缘油及所含气体、电气设备附近的含碳物质、空气、混合性气体、导电尘埃等。

（2）电气设备产生火花、危险的高温。其原因有正常运行、设备老化及故障情况下产生的电弧、火花及高温。

电火花是电极间的击穿放电，电弧则由大量的电火花汇集而成，一般电火花的温度很高，特别是电弧，温度可高达 6000℃。因此，电火花和电弧不仅能引起易燃物燃烧，而且能使金属熔化、飞溅，使液体迅速气化，体积膨胀。

高温是由电流的热效应引起的。正常运行时电气设备的发热与散热平衡，其温升不会超过允许的温升。但当电气设备发生故障时，发热量迅速增加，温度升高，在易燃易爆环境下，可以引起易燃物自燃、体积膨胀、爆炸等。

引起电气设备过度发热的原因有以下几方面：

1）短路。由于短路电流往往是正常负荷额定电流的几十倍，而发热量与电流的平方成正比，所以能使温度急剧上升。造成短路的原因是多方面的，电气设备的绝缘老化或受潮、腐蚀等会使绝缘强度下降，金属性非正常连接、导电灰尘和纤维进入设备、接线错误、误操作、过电压等，都能引起设备绝缘击穿造成短路。

2）过负荷。线路设备选用容量偏小或负荷超过额定值，使得在正常负荷下产生过负荷，设备不对称运行也会造成过负荷。

3）接触不良。由于发热量与电阻成正比，当接触不良时回路电阻增加，发热量成倍增加。

4）铁芯发热。变压器和异步电动机的铁芯绝缘损伤引起涡流损耗增加会引起发热。

5）发光发热设备的正常运行温度，如电炉、白炽灯等的外壳表面温度。

6）通风散热不良。

2. 电气防火、防爆的主要措施

（1）防止产生火源及高温的措施有：①正确选择设备，正确接线；②加强绝缘监察，保持合格的电气绝缘强度；③注意充油设备的巡回检查、防渗、防漏；④进行合理的保护整定；⑤保持设备清洁；⑥采用防误操作闭锁装置；⑦严格按周期检修设备。

（2）保持必要的防火距离。

（3）采用耐火设施。

（二）线路火灾及其预防措施

1. 线路短路引起火灾的原因及预防措施

线路短路时由于短路电流的热效应使得温度急剧升高，从而引起绝缘材料燃烧，使线路附近的易燃物燃烧着火。

（1）发生短路引起火灾的主要原因有：①线路安装不正确，如具有腐蚀性气体的场所采用普通导线，穿过建筑物时未加保护管或使用场所不当使绝缘受到破坏；②对运行线路未能及时发现缺陷，如导线的绝缘经过长期运行发生老化、脱落、使导线相互接触发生短路等；③使用不正确，如移动设备的电源线采用普通导线、导线不装插头，破头连接未加绝缘等，都可能发生短路。

（2）防止线路短路的措施有：①按规程要求，对线路的连接和安装进行严格检查，确保符合规定要求；②正确选择导线截面，并与保护配合；③正确运行维护，经常检查绝缘状况，对绝缘薄弱点及时采取措施。

2. 线路过负荷引起火灾的原因及预防措施

（1）造成线路过负荷的原因主要有：①导线截面选择偏小；②线路所接的用电设备增加时未能及时更换大截面导线；③过负荷保护整定值偏大，使线路长期过负荷运行。

（2）防止线路过负荷的措施有：①根据线路所带负荷的大小，正确选择导线截面，在负荷增加时应当更换大截面导线；②正确整定过负荷保护的动作值；③加强线路负荷电流的监测，发现过负荷立即切除部分用电设备。

（三）常用电气设备的火灾及预防措施

1. 变压器火灾及预防措施

（1）引起变压器火灾的主要原因有：

1）绕组匝间、层间或相间绝缘损坏发生短路，造成绕组发热、燃烧，使绝缘油体积膨胀并分解，产生可燃性气体与空气混合达一定比例时，遇火花会发生燃烧和爆炸。

2）铁芯间绝缘或铁芯与夹紧螺栓间绝缘损坏，引起涡流损耗增加，温度上升，可使绝缘油分解燃烧。

3）绕组及分接头引线连接点接触电阻过大，引起高温起火。

4）绝缘油老化、变质，杂质过多，都可引起耐压等级下降，发生闪弧。

5）变压器渗漏油引起油面下降，散热作用减小引起绝缘材料过热和燃烧。

6）变压器外部线路短路，严重过负荷而保护又拒动，也会引起内部起火、爆炸。

（2）防止变压器火灾的措施有：

1）按期进行检修及预防性试验，测试绝缘电阻、直流电阻，进行油质化验，发现缺陷及时处理。

2）装设防爆管和温度保护装置，注意检查油位。

3）合理配置继电保护装置，按需要装设熔断器或电流速断、过电流、零序电流等保护装置，对于大容量变压器，还应设置气体继电器来保护内部故障。

4）合理设计和安装，变压器应有防火措施，要具有良好的通风散热条件；应设置挡油设施或储油池，必要时与其他设备间设置防爆墙。

5）配备灭火器材。

2. 电动机火灾和预防措施

（1）引起电动机火灾的原因有：

1）电动机绕组发生单相匝间短路、单相接地和相间短路，引起绕组发热，绝缘损坏而燃烧。

2）电动机过负荷、缺相或电源电压降低，引起转速降低，绕组过电流发热，绝缘损坏，引起火灾。

3）电动机润滑不足，或受异物卡住，堵转引起电流过大而发生火灾。

4）接线端松动，接触电阻过大产生局部高温或火花，引起绝缘或易燃物燃烧。

5）通风槽被粉尘或异物堵塞，散热不良引起绕组过热而起火。

热，断路器绝缘的损坏，都可能引起火灾。预防措施有：

1）正确选用和安装。断路器的极限通断能力应大于短路容量，防止因不能可靠灭弧而引起相间短路。易爆场所应采用防爆型断路器。断路器应安装在不可燃材料上，安装场所不得堆放易燃物。断路器与导线的连接点应紧密，接触电阻要小。

2）做好运行及维护工作。三相断路器最好在相间用绝缘板隔离，防止相间弧光短路。要及时清除灰尘异物，防止受潮引起闪络。

（2）熔断器引起火灾主要原因有两个：

1）在熔丝熔断时，金属颗粒飞溅落在易燃物上引起燃烧。

2）熔丝选择过大，不能切断短路及过负荷电流，引起线路火灾。

可采取的预防措施有：

1）合理选择熔丝。

2）安装在不可燃材料基座上，周围不应有易燃物。

（3）低压配电屏（盘）发生火灾的主要原因有：

1）安装不符合要求、绝缘损坏、对地短路。

2）绝缘受潮，发生短路。

3）接触电阻过大或长期不清扫，积灰受潮短路。

预防措施有：

1）正确安装接线，防止绝缘破损，避免接触电阻过大。

2）安装在清洁干燥场所，定期检查。

3）连接导体在灭弧装置上方时，应保持一定飞弧距离，防止短路。

6. 电加热设备火灾和预防措施

电加热设备在正常运行时的温度就高达几百摄氏度，如碰到易燃物，很容易发生火灾。另外，若使用不正确，如导线直插入插座，回路中无熔断器或开关保护，都会由于短路引发火灾。

预防电加热设备火灾的措施有：

（1）正确使用。运行中的电加热设备需有专人监视，周围不得有易燃物，电加热设备必须安装在不燃烧、不导热的基座上。

（2）合理选择电源线及开关、熔断器，防止过负荷和短路引起的火灾。

7. 照明器具火灾和预防措施

照明器具有白炽灯、荧光灯等，引起火灾的原因主要是由于灯泡的表面温度很高，很容易使易燃物着火。镇流器发出的热量若不能及时散出，长时间运行也能引发火灾。

防止照明器具引发火灾的措施主要是要让灯泡远离易燃物，在易燃易爆场所必须使用防爆灯。另外，要经常检查绝缘和清洁状况，防止短路起火。

8. 装饰装潢火灾和预防措施

装饰装潢工作中，周围常有大量的易燃易爆物品，如纸屑、木屑、油漆、布料等。使用的电动工具多为单相直流电动机作为动力，电动机的换向器换向时如果电流过大，就会产生火花；照明灯具也会产生高温；用电量过大或导线间接头漏电造成导线间短路等，这都极易燃烧起火。防止措施是电动工具尽量不要过载；装修中产生的易燃物品及时清理，与电动工具、导线、灯具及时分离；导线连接牢固并做好绝缘。

（四）电气火灾的扑救方法

1. 切断电源灭火

发生电气火灾后应尽可能先切断电源再扑救，防止人身触电。切断电源应按规定的操作程序进行，防止带负荷拉隔离开关，采用工具切断电源时应使用绝缘工具，戴绝缘手套，穿绝缘靴。夜间扑救还应注意照明。

2. 带电灭火

发生电气火灾，有时情况危急，等断电以后再扑救就会扩大危险性，这时为了争取时间控制火势，就需带电灭火。带电灭火的注意事项如下：

（1）带电灭火必须使用不导电灭火剂，如二氧化碳、1211灭火剂、干粉灭火剂、四氯化碳等。

（2）扑救时应戴绝缘手套，与带电部分保持足够的安全距离。

（3）当高压电气设备或线路发生接地时，室内扑救人员距离接地点不得靠近4m以内，室外不得靠近8m以内，进入上述范围应穿绝缘靴、戴绝缘手套。

（4）扑救架空线路火灾时人体与带电导线仰角不大于45°。

3. 充油设备的灭火

充油设备发生火灾时首先要切断电源，再用干燥黄砂盖住火焰。在火势严重的情况下，可进行放油，在储油池内用灭火剂灭火。禁止用水扑灭燃油火头。

4. 旋转电机的灭火

扑救旋转电机的火灾时，为防止轴承变形，可使用喷雾水流均匀冷却，不得用大水流直接冲射。另外可用二氧化碳、1211灭火剂、干粉灭火器扑救。严禁用黄砂扑救，以防进入设备内部损坏机芯。

❓ 思考与练习

一、填空题

1. _____就是扑救初起火灾的重要消防器材。

2. _____是指由于电气方面的原因，形成火源而引起的火灾和爆炸。

3. 发生火灾必须同时具备三个条件，即_____、_____、_____。

二、简答题

1. 电气火灾的两个主要特点是什么?

2. 电气火灾和爆炸的原因是什么?

3. 引起电气设备过度发热的原因有哪些?

4. 电气防火、防爆的主要措施有哪些?

5. 线路短路引起火灾的原因及预防措施分别是什么?

6. 线路过负荷引起火灾的原因及预防措施分别是什么?

7. 变压器火灾的原因及预防措施分别是什么?

8. 电动机火灾的原因和预防措施分别是什么?

9. 油断路器火灾的原因和预防措施分别是什么?

10. 低压断路器、熔断器、低压配电屏（盘）的火灾的原因和预防措施分别是什么?

11. 照明器具火灾的原因和预防措施分别是什么?

12. 装饰装潢火灾的原因和预防措施分别是什么?

13. 电气火灾的扑救方法有哪些?

单元五

触电伤害与现场急救

在电力生产中，尽管人们采取了一系列安全措施，但也只能是减少事故的发生，人们还会遇到各种意外伤害事故，如触电、高空坠落、中暑、烧伤、烫伤、溺水、冻伤等，在工作现场发生这些伤害事故的伤员，在送到医院治疗之前的一段时间内，往往因抢救不及时或救护方法不得当而使伤势加重，甚至死亡。因此，电力企业现场工作人员都要学会一定的救护知识，例如，使触电者迅速脱离电源，进行人工呼吸、止血、简单包扎，处理中暑，中毒、溺水以及正确转移运送伤员等，以保证不管发生什么类型事故，现场工作人员都能当机立断，以最快的速度、正确的方法进行急救，力争伤员脱离危险甚至起死回生。

根据《电业安全工作规程》的规定，现场紧急救护的通则如下：

（1）紧急救护的基本原则是，在现场采取积极措施保护伤员生命，减轻伤情，减少痛苦，并根据伤情需要，迅速联系医疗部门救治。急救的成功条件是动作快，操作正确。任何拖延和操作错误都会导致伤员伤情加重或死亡。

（2）要认真观察伤员全身情况，防止伤情恶化。发现呼吸、心跳停止时，应立即在现场就地抢救，用心肺复苏法支持呼吸和循环，对脑、心等重要脏器供氧。应当记住在心脏停止跳动后，只有分秒必争地迅速进行抢救，救活的可能性才较大。

（3）现场工作人员都应定期进行培训，学会紧急救护法，即学会正确解脱电源、心肺复苏、止血、包扎、转移搬运伤员、处理急救外伤或中毒等。

（4）生产现场和经常有人工作的场所应配备急救箱，存放急救用品，并应指定专人经常检查、补充或更换急救用品。

课题一 触电对人体的伤害

学习目标

1. 能说明电击、电伤的基本概念。

2. 知道影响电流对人体伤害程度的因素。

（2）电动机火灾的预防措施有：

1）正确安装和使用。对潮湿及灰尘较多的场所应采用封闭型；易燃易爆场所采用防爆型。电动机的机座采用不可燃材料，四周不准堆放易燃易爆物。

2）经常检查维修，清除内部异物，做好润滑，定期测试绝缘电阻，发现缺陷及时进行处理。

3）合理设置保护装置。一般设短路、过负荷及缺相保护，大型电动机增设绕组温度保护装置等。

3. 油断路器火灾和预防措施

（1）引起油断路器起火灾爆炸的主要原因有：

1）断路器遮断容量不足，当断路器遮断容量小于系统的短路容量时，断路器不能及时熄弧，由于电弧的高温使油加热分解成易燃物及气体，从而引起燃烧、爆炸。

2）油面偏低或偏高，当油面偏低，在切断电弧时油质分解的气体不能及时冷却，从而与上层空气混合，造成燃烧、爆炸；油面偏高时气体冲不出油面，内部压力过大引起爆炸。

3）套管积垢受潮，造成相间击穿闪络引起燃烧、爆炸。

（2）油断路器火灾的预防措施有：

1）正确选用断路器，其遮断容量应大于系统的短路容量。

2）在箱盖上安装排气孔。

3）加强巡视检修，发现油面位置偏低，及时加油，定期进行预防性试验，油质老化时及时更换。

4）正确选择和安装，油断路器应设在耐火建筑物内。

4. 电缆终端盒火灾和预防措施

（1）引起电缆终端盒火灾的原因有：

1）终端盒绝缘受潮、腐蚀、绝缘被击穿。

2）充油电缆由于安装高度差不符合要求，压力过大使终端盒密封破坏，引起漏油起火。

3）电缆通过短路电流，使终端盒绝缘炸裂。

（2）电缆终端盒火灾的预防措施有：

1）正确施工，保证密封良好，防止受潮，充油电缆的高度差符合要求。

2）加强检查，发现漏油及时采取修复措施。

5. 低压断路器、熔断器、低压配电屏（盘）的火灾和预防措施

（1）低压断路器在切断或接通电流时产生的火花，导线与断路器连接电阻的发

知识点

1. 电击。

2. 电伤。

3. 影响触电对人体伤害程度的因素。

技能点

能够避免或减轻触电对人体伤害程度。

学习内容

当电流流经人体时，人体会产生不同程度的刺痛和麻木，并伴随不自觉的肌肉收缩。触电者会因肌肉收缩而紧握带电体，不能自主摆脱电源。电流对人体内部组织破坏，乃至最后死亡。

一、触电对人体的伤害

人体触及带电体时，电流通过人体，对人体造成伤害，其伤害的形式主要有电击和电伤两种。

（一）电击

1. 电击

当人体直接接触带电体时，电流通过人体内部，对内部组织造成的伤害称为电击。电击是最危险的触电伤害，多数触电死亡事故是由电击造成的。

2. 电击伤害

电击伤害主要是伤害人体的心脏、呼吸和神经系统，因而破坏人的正常生理活动，甚至危及人的生命。例如，电流通过心脏时，心脏泵室作用失调，引起心室颤动，导致血液循环停止；电流通过大脑的呼吸神经中枢时，会遏止呼吸并导致呼吸停止；电流通过胸部时，胸肌收缩，迫使呼吸停顿、引起窒息，所以电击对人体的伤害属于生理性质的伤害。

3. 造成电击有下列几种情况

（1）当人体将要触及 1kV 以上的高压电气设备带电体时，高电压能将空气击穿，使其成为导体，这时电流通过人体而造成电击。

（2）低压单相（线）触电、两线触电会造成电击。

（3）接触电压和跨步电压触电会造成电击。

（二）电伤

1. 电伤

电伤是指电流的热效应、化学效应、机械效应等对人体外部（表面）造成的局部创伤。电伤往往在肌体上留下伤痕，严重时，也可导致人的死亡。在高压触电事故中，电伤和电击往往同时发生。

2. 电伤分类

电伤可分为电灼伤、电烙印、皮肤金属化、电光眼、机械性损伤等五种。

（1）电灼伤。电灼伤是指电流热效应产生的电伤，它分为电流灼伤和电弧灼伤两种情况。

电流灼伤是人体与带电体接触，电流通过人体由电能转换成热能造成的伤害。由于人体与带电体的接触面积一般都不大，且皮肤电阻又比较高，因而产生在皮肤与带电体接触部位的热量就较多，因此，使皮肤受到比体内严重得多的灼伤，且电流愈大、通电时间愈长、电流途径上的电阻愈大，则电流灼伤愈严重。较低的电压，形成灼伤的电流虽不太大，但数百毫安的电流即可造成灼伤，数安的电流则会形成严重的灼伤；在高频电流下，因皮肤电容的旁路作用，还有可能发生皮肤仅有轻度灼伤而内部组织却被严重灼伤的情况。由于接近高压带电体时会发生击穿放电，因此，一般电流灼伤只发生在低压电气设备上。

电弧灼伤是由弧光放电造成的烧伤，它分为直接电弧烧伤和间接电弧烧伤两种情况。弧光放电时电流能量很大，电弧温度高达数千摄氏度，可造成大面积的深度烧伤，严重时能将肌体组织烘干、烧焦，是最常见、最严重的电伤。直接电弧烧伤是带电体与人体之间发生电弧，有电流通过人体的烧伤。在高压系统中，由于误操作产生强烈电弧或人体过分接近带电体，其间距小于放电距离时，产生的强烈电弧对人放电，造成电弧烧伤，严重时会因电弧烧伤而死亡。间接电弧烧伤是电弧发生在人体附近对人体的烧伤。在低压系统中，带负荷（特别是感性负荷）拉开裸露的刀开关时，产生的电弧可能烧伤人的手部和面部；线路短路，跌落式熔断器的熔丝熔断时，炽热的金属微粒飞溅出来也可能造成烫伤；因误操作引起短路也可能导致电弧烧伤人体。

电灼伤的后果是皮肤发红、起泡、组织烧焦并坏死、肌肉和神经坏死、骨骼受伤。治疗中多数需要截肢，严重的导致死亡。

（2）电烙印。电烙印是指电流化学效应和机械效应产生的电伤。电烙印通常在人体和带电部分接触良好的情况下才会发生。其后果是皮肤表面留下和所接触的带电部分形状相似的圆形或椭圆形的肿块痕迹。有明显的边缘，且颜色呈灰色或淡黄色，受伤皮肤硬化失去弹性，表皮坏死，形成永久性斑痕，造成局部麻木或失去知觉。

（3）皮肤金属化。皮肤金属化是指在电流的作用下，产生的高温电弧使电弧周围的金属熔化、蒸发成金属微粒并飞溅渗入到人体皮肤表层所造成的电伤。其后果是皮肤变得粗糙、硬化，且根据人体表面渗入的不同金属，而呈现一定颜色。此种伤害是局部性的，金属化的皮肤经过一段时间后会逐渐剥落，不会永久存在而造成终身痛苦。

（4）电光眼。电光眼是指当发生弧光放电时，由红外线、可见光、紫外线对眼睛的伤害。电光眼表现为角膜炎或结膜炎，有时需要数日才能恢复视力。

（5）机械性损伤。机械性损伤是指电流作用于人体，由于中枢神经反射和肌肉强烈收缩等作用导致的机体组织（皮肤、血管、神经）断裂，关节脱位及骨折等伤害。

电击、电伤都有可能造成神经受伤。神经受伤的表现有很多种，例如，有的人触电后精神上感到难受，全身倦怠，发谵语，甚至狂躁易怒、出现惊吓等症状。总之，电对人体的伤害后果是相当严重的。

二、触电对人体伤害程度的影响因素

电流通过人体时，对人体伤害的严重程度与通过人体的电流的大小、电流通过人体的持续时间、电流的频率、电流通过人体的途径以及人体状况等多种因素有关。而且各种因素之间，有着十分密切的关系。

1. 电流大小

通过人体的电流越大，人体的生理反应越明显，感受越强烈，引起心室颤动或窒息的时间越短，致命的危险性越大，因而伤害也越严重。一般来说，通过人体的交流电（50Hz）超过 10mA、直流电超过 50mA 时，触电者自己难以摆脱电源，这时就有生命危险。工频电流对人体的影响见表 5-1（O 是表示没有感觉的范围；A1、A2、A3 是一段不引起心室颤动、不致产生严重后果的范围；B1、B2 是容易产生严重后果的范围）。

表 5-1   工频电流对人体的影响

等级范围	电流（mA）	电流持续时间	人 体 生 理 反 应
O	0～0.5	连续通电	没有感觉
A1	0.5～5	连续通电	开始有感觉，手指手腕等处有麻感，没有痉挛，可以摆脱带电体
A2	5～30	数分钟以内	痉挛，不能摆脱带电体，呼吸困难，血压升高，是可忍受的极限
A3	30～50	数秒到数分钟	心脏跳动不规则、昏迷、血压升高、强烈痉挛、时间过长即引起心室颤动
B1	50～数百	低于心脏搏动周期	受强烈刺激，但未发生心室颤动
		超过心脏搏动周期	昏迷、心室颤动、接触部位留有电流通过的痕迹
B2	超过数百	低于心脏搏动周期	发生心室颤动、昏迷，接触部位留有电流通过的痕迹
		超过心脏搏动周期	心脏停止跳动、昏迷，可能致命

2. 持续时间

表 5-1 中表明，电流对人体的伤害与电流作用于人体的时间长短有密切关系。通电时间越长，越容易引起心室颤动，危险性就越大，其主要原因有以下几项。

（1）人体电阻减小。电流通过人体持续时间越长，人体电阻由于出汗、电解而下降，使通过人体的电流进一步加大，从而危险亦随之增加。

（2）能量增加。电流持续时间越长，体内积累外界电能越多，伤害程度越大。电击能量为电流大小与触电时间的乘积。电击能量超过 50mA·s（毫安·秒）时，人就有生命危险。

（3）与心脏易损期重合的可能性增大。在心脏搏动周期中，只有相对应于心电图上约 0.2s 的 T 波这一特定时间是对电流最敏感的。该特定时间称为易损期。电流作用于人体持续时间越长，与易损期重合的可能性越大，电击的危险性也就越大。

触电急救时，要争分夺秒、最大限度地缩短电流通过人体的时间，就是基于这个道理。

3. 电压高低

一般来说，当人体电阻一定时，人体接触的电压越高，通过人体的电流就越大。实际上，通过人体的电流与作用在人体上的电压不成正比，这是因为随着作用于人体电压的升高，皮肤会破裂，人体电阻急剧下降，电流会迅速增加。

4. 电流频率

电流频率不同，对人体伤害程度也不同，一般来说，常用的 50～60Hz 工频交流电对人体的伤害最为严重，交流电的频率偏离工频频率越大，对人体伤害的危险性就越降低。在直流和高频情况下，人体可以耐受较大的电流值，因此，医生常用高频电流给病人理疗。不同频率的电流对人体危害的程度如表 5-2 所示。

表 5-2　　　　　　　不同频率的电流对人体危害的程度

电流频率（Hz）	对人体的危害程度	电流频率（Hz）	对人体的危害程度
0～25	有 50% 的死亡率	120	有 31% 的死亡率
50	有 95% 的死亡率	200	有 22% 的死亡率
50～100	有 45% 的死亡率	500	有 14% 的死亡率

5. 人体电阻

人体电阻是定量分析人体电流的重要参数之一，也是处理许多电气安全问题所必须考虑的基本因素。皮肤如同人的绝缘外壳，在触电时起着一定的保护作用。当人体触电时，通过人体的电流与人体的电阻有关，人体电阻越小，通过人体的电流就越大，也就越危险。

人体电阻包括皮肤电阻和体内电阻。皮肤电阻在人体电阻中占有较大的比例，人体电阻不是固定不变的，而与下面若干因素有关。

（1）接触电压。人体电阻的数值随着接触电压升高而明显下降，如表5-3所示。

表5-3　　　　　　　　　　　　随电压变化的人体电阻

接触电压（V）	12.5	31.3	62.5	125	220	250	380	500	1000
人体电阻（Ω）	16500	11000	6240	3530	2222	2000	1417	1130	640

（2）接触面积。人体电阻与人体接触带电体接触面积有关，随着面积的增加而减小。人体与带电体接触的松紧也影响人体的电阻。

（3）皮肤状况。皮肤潮湿和出汗时，以及带有导电的化学物质和导电的金属尘埃，特别是皮肤破坏后，人体电阻急剧下降，如表5-4所示。因此，人们不应当用潮湿的、或有汗、有污渍的手去操作电气装置。

表5-4　　　　　　　　　皮肤在不同状况下的人体电阻

接触电压（V）	人 体 电 阻			
	皮肤干燥	皮肤潮湿	皮肤湿润	皮肤浸入水中
10	7000	3500	1200	600
25	5000	2500	1000	500
50	4000	2000	875	440
100	3000	1500	770	375
250	1500	1000	650	325

（4）其他因素。体内电阻与电流途径有关，不同类型的人，其人体电阻也不同。女子的人体电阻比男子的小，儿童的比成人的小，青年人比中年人的小。遭受突然的生理刺激时，人体电阻可能明显降低；环境温度高或空气中的氧不足等，都可使人体电阻下降。

6. 电流通过人体的途径

电流通过人体的途径不同，对人体的伤害程度也不同。电流通过心脏会引起心室颤动，电流较大时会使心脏停止跳动，从而导致血液循环中断而死亡；电流通过中枢神经或有关部位，会引起中枢神经严重失调而导致死亡；电流通过头部会使人昏迷，或对脑组织产生严重损坏而导致死亡；电流通过脊髓，会使人瘫痪等。

上述伤害中，以心脏伤害的危险性为最大。因此，流过心脏的电流途径，是电击危险性最大的途径。表5-5列举了电流通过人体的途径与流经心脏电流比例数的关系。从表中可以看出：最危险的途径是从左手到胸部（心脏）到脚；较危险的途径是从手到手；危险性较小的途径是从脚到脚。

表 5-5　　　　　　　电流通过人体的途径与流经心脏电流比例数的关系

电流通过人体的途径	流经心脏电流与通过人体总电流的比例数（%）	电流通过人体的途径	流经心脏电流与通过人体总电流的比例数（%）
从一只手到另一只手	3.3	从右手到脚	3.7
从左手到脚	6.4	从一只脚到另一只脚	0.4

7. 人体状况

电击的后果与触电者的健康状况有关。根据资料统计，肌肉发达者、成年人比儿童摆脱电流的能力强，男性比女性摆脱电流的能力强。电击对患有心脏病、肺病、内分泌失调及精神病等患者最危险。他们的触电死亡率最高。另外，对触电有心理准备的，触电伤害轻。

思考与练习

一、填空题

1. 人体触及带电体时，电流通过人体，对人体造成伤害，其伤害的形式主要有_____和_____两种。

2. 当人体直接接触_____时，电流通过_____，对内部组织造成的伤害称为电击。

3. 电伤是指电流对_____造成的局部创伤。

4. 电灼伤是指_____的电伤，它分为电流_____和_____灼伤两种情况。

5. 电烙印是指电流_____和_____产生的电伤。

6. 电流频率不同，对人体伤害程度也不同，一般来说，常用的_____工频交流电对人体的伤害最为严重，交流电的频率偏离工频频率_____，对人体伤害的危险性就越降低。

7. 当人体触电时，通过人体的电流与人体的电阻有关，人体电阻_____，通过人体的电流就_____，也就_____。

8. 人体电阻包括_____和_____。_____在人体电阻中占有较大的比例。

二、判断题

1. 电击是最危险的触电伤害，多数触电死亡事故是由电击造成的。　　（　　　）

2. 电烙印是人体与带电体接触，电流通过人体由电能转换成热能造成的伤害。   （   ）

3. 交流电的频率偏离工频频率越小，对人体伤害的危险性就越降低。（   ）

4. 通过人体的电流与作用在人体上的电压成正比。   （   ）

5. 流过心脏的电流途径，是电击危险性最大的途径。   （   ）

三、简答题

1. 什么是电击？哪些情况会造成电击伤害？

2. 什么是电伤？电伤可分为哪几种方式？

3. 电流对人体伤害的程度主要与哪些因素有关？

4. 人体电阻的大小与哪些因素有关？

课题二 安全电流与安全电压

学习目标

1. 能说明安全电流的概念、确定依据、安全电流值。

2. 能说明安全电压的概念、确定依据、等级。

知识点

1. 安全电流的概念、确定依据、安全电流值。

2. 安全电压的概念、确定依据、等级。

技能点

能够判断某电压、电流是否安全。

学习内容

一、安全电流

电流对人体有危害作用，通过人体的电流越大，危害越严重，那么到底流过人体的电流为多大才不会对人体造成伤害呢？这就是安全电流值的大小。

1. 确定安全电流值的依据

通常情况下，只要通过人体的电流小于摆脱电流，就不致造成不良后果，所以可把摆脱电流看作是人体允许的安全电流。

对于工频交流电，按照不同电流强度通过人体时的生理反应可将作用于人体的电流分成以下三级。

（1）感知电流。感知电流是指在一定概率下，电流流过人体时可引起人有任何感觉的最小电流。

不同的人，感知电流是不同的。女性对电流较男性敏感。在概率为 50％时，一般成年男性平均的感知电流约为 1.1mA 左右；成年女性约为 0.7mA，并且与时间因素无关。感知电流一般不会对人体造成伤害，但当电流增大时，感觉增强，反应加大，可能因不自主反应而导致从高处跌落，造成二次事故。

（2）摆脱电流。摆脱电流是指在一定概率下，人触电后能够自行摆脱带电体的最大电流。当电流增大到一定程度时，由于中枢神经反射和肌肉收缩、痉挛，触电人将不能自行摆脱带电体。在概率为50%时，一般成年男性平均摆脱电流约为16mA；成年女性约为10.5mA。在摆脱概率为99.5%时，成年男性最小摆脱电流约为9mA；成年女性约为6mA。摆脱电流是人体可以承受的最大电流，因而一般不致造成不良后果，并且与时间因素无关。

（3）室颤电流。室颤电流是指引起心室颤动的最小电流。

室颤电流除取决于电流持续时间、电流途径、电流种类等电气参数外，还取决于机体组织、心脏功能等个体生理特征。实验表明，室颤电流与电流持续时间有很大关系，如表5-1所示。

2. 安全电流值

作用于人体的电流，交流为50～60Hz、10mA，直流为50mA时，一般人手仍能脱离电源，无生命危险，故可把50～60Hz、10mA及直流50mA确定为人体的安全电流值。当通过人体的电流低于这个数值时，人体通常是不会受到伤害的。但是，如果电流长时间流过人体，再加上别的不利因素，那么人体也就不安全了。

二、安全电压

因为影响电流变化的因素很多，而电力系统的电压却是较为恒定的。所以从安全角度看，电对人体的安全条件通常不采用安全电流，而是用安全电压。

1. 定义

在各种不同环境条件下，人体接触到有一定电压的带电体后，其各部分组织（如皮肤、心脏、呼吸器官和神经系统等）不发生任何损害，该电压称为安全电压。它是为了防止触电故而采用的由特定电源供电的电压系列，是制订安全措施的依据。

2. 确定安全电压的依据

安全电压是以人体允许通过的电流与人体电阻的乘积来表示的。一般情况下，人体的允许电流可以看成是受电击后能摆脱带电体而解除触电危险的电流。人体电阻随条件不同而在很大范围内变化；人体接触电压时，随着电压的升高，人体电阻会下降；人体接触高压时，皮肤因击穿而破裂，人体电阻也会急剧下降。因此接触电压的限定值50V就是根据人体允许电流30mA和人体电阻1700Ω的条件下确定的，也就是说安全电压系列的上限值决定了在正常工作或故障情况下，两导体间或任一导体与地之间的电压均不得超过交流（50～60Hz）有效值50V。国际电工委员会规定接触电压的限定值（相当于安全电压）为 50V，并规定在 25V 以下时，不需考虑防止电击的安全措施。

3. 安全电压的等级

根据我国的具体条件和环境，我国规定安全电压等级为：42V、36V、24V、12V、6V 五个等级。当电气设备采用的电压超过安全电压时，必须按规定采取对直接接触带电体的保护措施。

4. 安全电压的选用

电气设备的安全电压应根据使用场所、操作人员条件、使用方式、供电方式和线路等多种因素进行选用。我国对此还无具体规定，一般可结合实际情况选用。目前，我国采用的安全电压以 36V 和 12V 较多。发电厂生产场所及变电站等处使用的行灯电压一般为 36V，在比较危险的地方或工作地点狭窄、周围有大面积接地体、环境湿热场所，如电缆沟、煤斗、油箱等地，所用行灯的电压不准超过 12V，其他情况下的安全电压可参照表 5-6 选用。

表 5-6　　　　　　　　安全电压的等级及选用举例

安全电压（交流有效值）		选 用 举 例
额定值（V）	空载电压上限（V）	
42	50	在有触电危险的场所使用的手持式电动工具等
36	43	在矿井、多导电粉尘等场所使用的行灯等
24	29	可供某些人体可能偶然触及带电体的设备选用
12	15	
6	8	存在高度触电危险的环境以及特别潮湿的场所

需要指出的是，不能认为这些电压就是绝对安全的，如果人体在汗湿、皮肤破裂等情况下长时间触及电源，也可能发生电击伤害。电压等级对人体的影响如表 5-7 所示。

表 5-7　　　　　　　　电压等级对人体的影响

电压（V）	对人体的影响	电压（V）	对人体的影响
20	湿手的安全界限	100～200	危险性急剧增大
30	干燥手的安全界限	200～3000	人生命发生危险
50	人生命无危险的界限	3000 以上	人体被带电体吸引

思考与练习

一、填空题

1. 通常情况下，只要通过人体的电流小于＿＿＿＿＿，就不致造成不良后果，所以可把_____看作是人体允许的安全电流。

　　2. _____是指在一定概率下，电流流过人体时可引起人有任何感觉的最小电流。

　　3. 对于工频交流电，按照不同电流强度通过人体时的生理反应可将作用于人体的电流分成_____、_____、_____三级。

　　4. 室颤电流是指引起心室颤动的_____电流。

　　5. 安全电流值是指交流为_____，直流为_____时。

　　6. _____是制定安全措施的依据。

　　7. 安全电压是以_____与_____的乘积来表示的。

二、判断题

　　1. 女性对电流较男性敏感。　　　　　　　　　　　　　　　　（　　）

　　2. 感知电流是人体可以承受的最大电流。　　　　　　　　　　（　　）

　　3. 只要通过人体的电流低于安全电流值，人体就不会受到伤害的。（　　）

　　4. 从安全角度看，电对人体的安全条件通常不采用安全电流，而是用安全电压。　　　　　　　　　　　　　　　　　　　　　　　　　　　　（　　）

　　5. 目前我国采用的安全电压以 36V 和 12V 较多。　　　　　　　（　　）

　　6. 安全电压就是绝对安全的。　　　　　　　　　　　　　　　　（　　）

三、简答题

　　1. 什么是安全电流？安全电流值是多少？

　　2. 什么是安全电压？确定安全电压的依据是什么？安全电压可分为哪几个等级？

课题三　人体的触电方式和规律

学习目标

1. 能说明单相触电、两相触电的基本概念。

2. 会区分单相触电和两相触电的差别。

3. 知道跨步电压触电和接触电压触电对人造成的危害。

知识点

1. 单相触电。

2. 两相触电。

3. 跨步电压触电和接触电压触电。

技能点

能够正确确定人体触电的方式。

学习内容

人体触电是指电流流过人体时对人体产生的生理和病理伤害。按造成触电电源的不同形式，人体触电的基本方式有直接触电（单相触电、两相触电）和间接触电（跨步电压触电、接触电压触电）。此外，还有人体接近高压触电和雷击触电等。

一、直接触电

直接触电指人体直接触及或过分接近电气设备及线路的带电导体而发生的触电现象，如单相触电、两相触电、电弧伤害。

（一）单相触电

1. 定义

单相触电是指人体站在地面或其他接地体上，人体的某一部位触及一相带电体所引起的触电。单相触电的危险程度与电压的高低、电网的中性点是否接地、每相对地电容量的大小有关，单相触电是较常见的一种触电事故。

2. 中性点是否接地对触电程度的影响

中性点接地系统里的单相触电比中性点不接地系统的危险性大。

（1）在中性点接地时，如图 5-1（a）所示，当人体触及 U 相导线时，电流将通过人体、大地、接地装置回到中性点，此时通过人体的电流为

$$I_r = \frac{U_x}{R_r + R_g} \approx \frac{U_x}{R_r}(R_g \ll R_r) \qquad (5-1)$$

式中　U_x——相电压，V；

　　　R_g——电网中性点接地电阻，Ω；

　　　R_r——人体电阻，Ω。

一般 R_g 只有几欧，比 R_r 要小得多，故相电压几乎全部加在触电人体上，对人体造成严重后果。

在日常生活和工作中，低压用电设备的开关、插销和灯头及洗衣机、电熨斗、电吹风等家用电器，如果其绝缘损坏，带电部分裸露会使外壳、外皮带电。当人体碰触这些设备时，就会发生单相触电情况。如果此时人体站在绝缘板上或穿绝缘鞋，人体与大地间的电阻就会很大，通过人体的电流将很小，这时不会发生触电危险。

（2）在中性点不接地（对地绝缘）时，如图 5-1（b）所示，此时，电流经过人体与其他两相的对地绝缘阻抗而形成回路，通过人体的电流大小决定于电网电压、人体电阻和导线的对地绝缘阻抗。如果线路的绝缘水平比较高，绝缘阻抗非

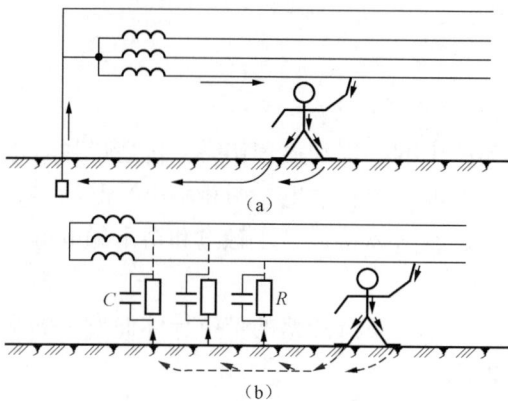

图 5-1　单相触电示意图

(a) 中性点接地；(b) 中性点不接地

常大，当人体触电以后，通过人体的电流就比较小，从而降低了人体触电后的危险性。但若线路的绝缘不良时，则触电后的危险性就较大了。

通过以上分析可知，中性点不接地系统里的单相触电比中性点接地系统里的单相触电的危险性小。

(二) 两相触电

两相触电是指人体有两处同时接触带电的任意两相电源时的触电。此时，不管电网的中性点是否接地、人体与地是否绝缘，人体都会触电。两相触电情况如图5-2所示，在这种情况下，电流由一相导线通过人体流至另一相导线，人体将两相导线短接，因而处于全部线电压的作用之下，通过人体的电流为

$$I_r = \frac{U}{R_r} \qquad (5-2)$$

式中　U——线电压，V；

　　　I_r——通过人体的电流；

　　　R_r——人体电阻。

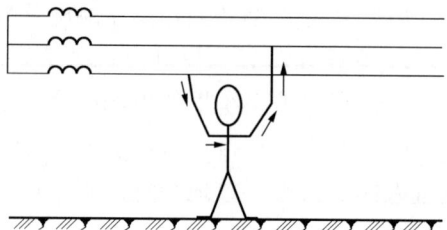

图 5-2　两相触电示意图

发生两相触电时，若线电压为 380V，则流过人体的电流高达 268mA，这样大的电流只要经过 0.186s 就可能致触电者死亡，故两相触电比单相触电更危险。根据经验，工作人员同时用两手或身体直接接触两根带电导线的机会很少，所以两相触电事故比单相触电事故少得多。

【案例 5-1】　不懂电气安全常识导致触电事故

［事故经过］

某年 9 月 19 日，某建筑工地新装了一台搅拌机。上午电工接上线便离开了，下午工地开始使用搅拌机时，发现转向错了。工地没有自备电工，工地负责人就自己去摆弄闸刀。当他把三相开关拉下，伸手去抓开关电源侧的导线时，手握导线触电死亡。

［事故原因］

这位工地的负责人认为将刀闸开关拉下，不管开关的哪一侧就都没有电了。于

是伸手去抓导线，结果触电死亡。

[事故教训及防范措施]

一些不懂电气安全常识的人认为：开关拉开后就没有电了，不区分开关的电源侧和负荷侧，就去摆弄开关。还有人拉开了电灯的单相开关后认为，灯都不亮了，哪里还有电？在触电死亡的事故中，有许多人不是电工，不懂电气安全常识，却为电气设备接线、维修、操作电气设备，结果导致触电事故。

为了防止这类事故发生，一是要严格执行电气安全规程，不是电工，不许安装、维修电气设备；二是要开展全员电气安全教育，现代社会需要普及电气安全常识。三是电气操作人员应对所完成的工作进行实验，合格后方可交工。

二、间接触电

间接触电指当电气设备绝缘损坏而发生接地短路故障时，其金属外壳或结构便带有电压，人体触及而发生的触电现象。如跨步电压触电、接触电压触电等。

(一) 跨步电压触电

1. 跨步电压的含义

当电气设备发生接地故障（绝缘损坏）或线路发生一相带电导线断线落在地面时，故障电流（接地电流）就会从接地体或导线落地点向大地流散，形成如图5-3所示的对地电位分布。由图5-3看出，与电流入地点的距离越小，电位越高；与电流入地点的距离越大，电位越低；在远离入地点20m以外处，电位近似为零。如果有人进入20m以内区域行走，其两脚之间（人的跨步一般按0.8m考虑）的电位差就是跨步电压，如图5-4所示。由跨步电压引起的触电，称为跨步电压触电。如高压架空导线断线或支持绝缘子绝缘损坏而发生对地击穿时，在导线落地点或绝缘对地击穿点处的地面电位异常升高，在此附近行走或工作的人员，就会发生跨步电压触电。

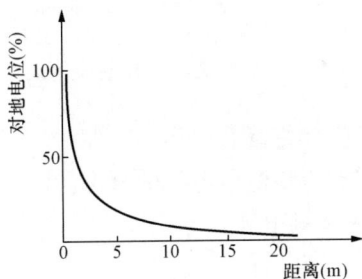

图5-3　对地电位分布

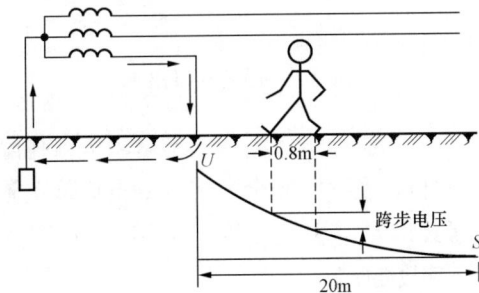

图5-4　跨步电压示意图

2. 触电后果

人体受到跨步电压作用时，电流一般是沿着人的下身，即从脚到腿、到胯部、再从另一脚流过，与大地形成通路。电流很少通过人的心脏等重要器官，看起来似乎危害不大，但是跨步电压较高时，人就会因双脚抽筋而倒在地上，这不但会使作用于身体上的电压增加，还有可能改变电流通过人体的路径而经过人体重要器官，因而大大增加了触电的危险性。经验证明，人倒地后即使电压持续作用仅 2s，也会发生致命的危险。

3. 注意事项

(1) 电业工人（尤其是线路巡线工）在平时工作或行走时，一定要格外小心。当发现设备出现接地故障或导线断线落地时，要远离断线落地区，如图 5-5 所示。

(2) 一旦不小心已步入断线落地区且感觉到有跨步电压时，应赶快把双脚并在一起或用一条腿跳着离开断线落地区，如图 5-6 所示。

图 5-5　远离断线落地区　　　　　图 5-6　一条腿跳着离开断线落地区

(3) 当必须进入断线落地区救人或排除故障时，应穿绝缘靴（鞋）（见图 5-7）。某地农村曾发生一起全家老小触电后依次施救而集体被跨步电压电死的事例。

【案例 5-2】　不懂安全用电知识，导致全家集体触电死亡

［事故经过］

某日，大风把高压线吹断且落在水田中，有个农民的孩子早晨把一群鸭子赶进田中去放养，一只只鸭子游到断线落水处都被电击死去，小孩去捡死鸭子，走近断线落水处也被电击倒死去。爷爷见孩子一去不回，亲自到田边看个究竟，发现孩子淹在水中，忙去拉孩子，也倒在田中死了。爸爸在家等得不耐烦了，到田边去看，

图 5 - 7　穿绝缘靴进入断线落地区救人

然后下田去拖爷爷，也触电落水而死。最后，妈妈下田拖爸爸，也触电落水。因为妈妈触电时间不长，离电流入地点最远，触电程度最轻，所以才被救活。

[事故原因及暴露问题]

人在水中触电时，人体表皮及靴鞋也不起绝缘作用，故危险性极大。如果他们懂得一些安全用电知识，就绝不会发生全家集体触电死亡的惨景。

（二）接触电压触电

1. 接触电压的含义

当电气设备因绝缘损坏而发生接地故障时，如果人体的两个部位（通常是手和脚）同时触及漏电设备的外壳和地面时，人体所承受的电压差称为接触电压。由接触电压引起的触电称为接触电压触电。

在发电厂和变电所中，一般电气设备的外壳和机座都是接地的，正常时，这些设备的外壳和机座都不带电。但当设备发生绝缘击穿、接地部分破坏，设备与大地之间产生电位差（即对地电压）时，人体若接触这些设备，其手脚之间便会承受接触电压而触电。

2. 接触电压的大小

接触电压 U_j 的大小随人体站立点的位置而异。当人体距离接地体越远时，接触电压越大；当人体站在距接地体 20m 以外处与带电设备外壳接触时，接触电压 U_{j3} 达到最大值，等于带电设备外壳的对地电压 U_d；当人体站在接地体附近与设备外壳接触时，接触电压近于零。如图 5 - 8 所示，当一台电动机的绕组碰壳接地时，因为三台电动机的接地线是连在一起的，所以三台电动机的外壳都带电，而且电位相同，都是相电压，但地面电位分布却不同，因此左边的人所承受的接触电压等于电动机外壳（人手）的电位与该处地面电位（人脚）之差，其数值近于零；右边的

163

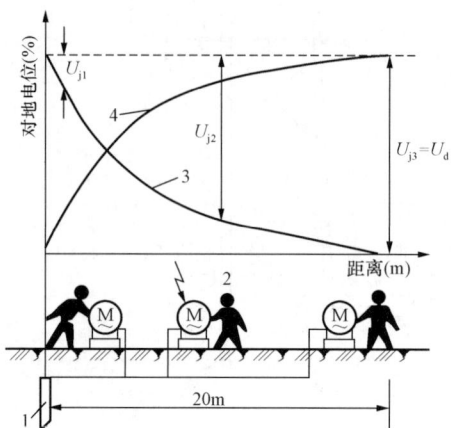

图 5-8　接触电压触电示意
1—接地体；2—漏电设备；3—设备出现接地故障时，
接地体附近各点电位分布曲线；4—人体距接地
体位置不同时，接地电压变化曲线

人承受的接触电压就是电动机外壳的对地电压，即相电压。但是往往由于人穿鞋（靴）及地板能减小接触电压，故人体受到的实际接触电压要小于带电设备的对地电压。

3. 防范措施

在电力企业和家居家庭中，人接触漏电设备的外壳而触电是常有的现象，严禁裸臂赤脚去操作电气设备就是基于这个道理。

由接触电压造成的触电事故还多发生在中性点不接地的 3～10kV 系统中。当电气设备绝缘击穿，系统中又没有接地保护装置，故障设备不能迅速切除，值班人员需较长时间才能将故障设备查出时，在查找故障期间，工作人员一旦接触到与故障设备处于同一接地网的任一设备外壳时就会触电。为防止接触电压触电，往往要把一个车间、一个变电所的所有设备均单独埋设接地体，对每台电动机采用单独的保护接地。

思考与练习

一、填空题

1. 人体触电的基本方式有 ＿＿＿＿、＿＿＿＿、＿＿＿＿ 触电和 ＿＿＿＿ 触电。

2. 单相触电是指 ＿＿＿＿，人体的某一部位触及 ＿＿＿＿ 所引起的触电。单相触电的危险程度与 ＿＿＿＿、＿＿＿＿、每相对地 ＿＿＿＿ 的大小有关，单相触电是较常见的一种触电事故。

3. 两相触电是指 ＿＿＿＿ 的触电。两相通过人体的电流为 ＿＿＿＿。

4. ＿＿＿＿ 是指人站在发生接地短路故障设备的旁边，触及漏电设备的外壳时，其手、脚之间所承受的电压。由 ＿＿＿＿ 引起的触电称为接触电压触电。

5. 接触电压 U_j 的大小随 ＿＿＿＿ 而异。当人体距离接地体 ＿＿＿＿ 时，接触电压 ＿＿＿＿；当人体站在距接地体 ＿＿＿＿ 以外处与带电设备外壳接触时，接触电压 U_{j3} 达到 ＿＿＿＿，等于 ＿＿＿＿；当人体站在接地体附近与设备外壳接触时，接触电压 ＿＿＿＿。

二、简答题

1. 什么是单相触电？中性点接地与否对单相触电的危害程度有什么影响？
2. 什么是跨步电压触电？触电的后果是什么？应注意哪些事项？

课题四　触　电　急　救

学习目标

1. 能说明现场急救的方法要点。
2. 知道脱离各种电源的方法。

知识点

1. 现场抢救基本原则。
2. 脱离各种电源的方法。

技能点

能够正确使触电者脱离各种电源。

学习内容

一、触电伤害的特点

人触电以后，往往会出现神经麻痹、昏迷不醒，甚至呼吸中断、心脏停止跳动等症状，从外表看好像已经没有恢复生命的希望了，但只要没有明显的致命内、外伤，一般并不是真正的死亡，应视为"假死"。所谓假死状态，即触电者丧失了知觉、面色苍白、瞳孔放大、脉搏和呼吸停止。根据临床表现，可将假死分成心跳停止、但尚能呼吸，呼吸停止、心跳尚存在但脉搏很微弱，心跳呼吸均停止三类。

对于假死状态的伤员，如果抢救及时、方法得当、坚持不懈、耐心等待，多数触电者可以"起死回生"。许多实际资料表明，有的伤员心脏停止跳动、呼吸中断后，经过较长时间的抢救，实施心肺复苏后又恢复了知觉。一般来说，触电者死亡后有以下五个特征：心跳、呼吸停止，瞳孔放大，尸斑，尸僵，血管硬化。如果以上五个特征中有一个尚未出现，都应视触电者为"假死"，还应坚持抢救。如果触电者在抢救过程中出现面色好转、嘴唇逐渐红润、瞳孔缩小、心跳和呼吸逐渐恢复正常，即可认为抢救有效。至于伤员是否真正死亡，只有医生才有权做出诊断结论。

触电者的生命能否获救，其关键在于能否迅速脱离电源和进行正确的紧急救护。经验证明：触电后 1min 内急救，有 $60\%\sim90\%$ 的救活可能；$1\sim2$min 内急救，有 45% 左右的救活可能；如果经过 6min 才进行急救，那么只有 $10\%\sim20\%$ 的救活可能；超过 6min，救活的可能性就更小了，但是仍有救活的可能。

二、触电急救基本原则

(1) 当发现有人触电时,切不可惊慌失措,应设法将触电人所接触的带电设备的开关或其他断路设备断开,使触电者尽快脱离电源,如图5-9所示。迅速脱离电源是减轻伤害和救护触电者的关键和首要工作。

图5-9　拉开开关或拔掉插头

(2) 触电者安全脱离电源后,救护者要熟悉救护方法,施行人工呼吸和胸外心脏按压时,一定要按照规定动作进行操作,只有动作准确,救治才会有效。

(3) 抢救触电者一定要在现场或附近就地进行,千万不要长途护送到医院或本部门去进行抢救,这样会延误抢救,影响救治效果。

(4) 救治要坚持不懈进行,要有信心、耐心,不要因一时抢救无效而放弃抢救。

(5) 救护者在救治他人的同时,要切记注意保护自己,例如,在触电者未脱离电源之前,救护人员在尚未采取任何安全措施的情况下绝对不能用手直接去拉触电人,防止发生救护者触电的事故。

(6) 若触电人所处的位置较高,必须采取一定的安全措施,以防断电后,触电者从高处摔下。

(7) 救护时应保持头脑冷静清醒,注意观察场地和周围环境,要分清是高压触电还是低压触电,以便做到忙而不乱,并采取相应的正确措施使触电者脱离电源而救护人又不致触电。

(8) 夜间发生触电事故,为救护触电者而切除电源时,有时照明会同时失电,因此应考虑事故照明、应急灯等临时照明,以利救护。

三、脱离电源

脱离电源就是使触电者与带电设备脱离开。要根据触电现场的具体情况选择脱离电源的方法。

1. 脱离低压电源

使触电者脱离低压电源的主要方法有以下几种:

(1) 切断电源。如果电源开关或者插座就在触电地点附近,救护者应迅速拉开开关或者拔掉插头等(见图5-9)。

(2) 割断电源线。如果触电地点附近没有电源开关或插座(头),则可用带绝缘柄的电工钳或者用装有干燥木柄的斧头、锄头、铁锹等利器把电源侧的电线砍断（见图 5-10）。割断点最好选择在靠电源侧有支持物处，以防被砍断的电源线触及他人或救护人。

（3）挑、拉电源线。如果电线搭落在触电人身上或压在触电人身下，并且电源开关又不在触电现场附近时，救护者可用干燥的木棍、竹竿、扁担等一切身边可能拿到的绝缘物把电线挑开（见图 5-11），或用干燥的绝缘绳索、皮带等套拉导线或触电者，使其脱离电源。

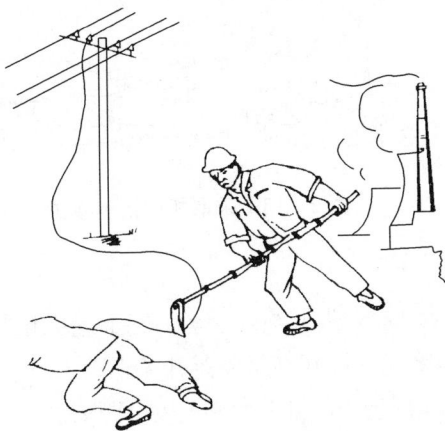

图 5-10　割断电源线　　　　　　　　图 5-11　挑、拉电源线

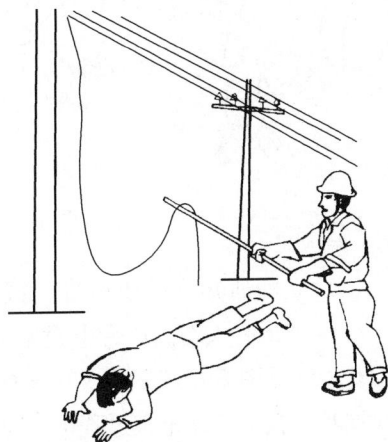

（4）拉开触电者。如果救护者身边没有工具，救护者可戴上绝缘手套或用干燥的衣服、帽子、围巾等物把一只手缠包起来，去拉触电者的干燥衣服。当附近有干燥的木板、木凳时，即可站在其上去拉为更好（可增加绝缘）。但要注意：为使触电者与导电体解脱，救护者最好用一只手去拉（见图 5-12），切勿碰触电者触电的金属物体或裸露身躯。

（5）采取相应措施救护。如果电流通过触电者入地，并且触电者紧握电线，则可设法用干木板塞到触电人身下，使其与地隔离，然后用绝缘钳或其他绝缘器具（如干木把斧头等）将电线剪（切）断，救护人员在救护过程中也要尽可能站在干木板上或绝缘垫上（见图 5-13）。

2. 脱离高压电源

脱离高压电源的方法和低压不同，高压电源情况下使用上述工具是不安全的。如果是在户外作业，往往触电现场离电源开关很远，救护人不易直接切断电源。高压触电很危险，不懂安全常识或未受过专门培训的人，最好不要冒险去抢救触电者，以免自身难保，脱离高压电源的方法如下：

图 5-12　拉开触电者　　　　　　　　图 5-13　采取相应措施救护

（1）立即通知有关供电部门或用户停电。

（2）如果有人在高压带电设备上触电，救护者应戴上绝缘手套、穿上绝缘靴拉开电源开关（见图 5-14）；用相应电压等级的绝缘工具拉开高压跌落开关，以切断电源。与此同时，救护者在抢救过程中，应注意自身与周围带电部分之间的安全距离。

（3）当有人在架空线路上触电时，救护者应尽快用电话通知当地供电部门迅速停电，以备抢救。

（4）如果触电者触及断落在地上的带电高压导线，在尚未确认线路无电且救护者未采取安全措施（如穿绝缘靴等）前，不能接近断线点8～10m范围内，以防跨步电压伤人。因为在离断线入地点 1m 以内，地面有 60％的电压降；2～10m 有24％的电压降；11～20m 有 8％的电压降；20m 以外，地面电位为零。若要想救人，救护者可戴绝缘手套，穿绝缘靴，用与触电电压等级相一致的绝缘棒将电线挑开（见图 5-15）。

四、杆上或高处触电急救

当杆上发生人身触电事故时，如果不懂得如何营救，就会束手无策，延误了营救时间；如果营救方法不当，伤员不但得不到正确营救，还可能发生高空坠落摔伤而加重伤情，救护人本身也可能发生触电或摔跌事故。

【案例 5-3】　现场工作人员不懂如何营救而造成杆上触电死亡事故

［事故经过］

一名线路工人在 10kV 高压线路杆上进行检修工作，不慎触电，失去了知觉，

168

图 5-14 戴上绝缘手套、穿上绝缘靴救护

图 5-15 未采取安全措施前
不能接近断线

而杆下人员不知所措，因不会营救而急得团团转，没办法只好跑回电业局去报告。当营救人员赶到现场后，杆上的触电者已因得不到及时抢救而死亡多时。

[事故教训]

电力企业线路工作人员应当学会杆上营救的基本知识和营救方法。

当发现电杆上的工作人员突然患病、触电、受伤或失去知觉时，杆下人员必须立即进行抢救。具体营救方法和步骤如下：

（1）脱离电源。当判断杆上人员发生触电情况时，首要要做的就是按照前述办法让触电者脱离电源。

（2）做好营救的准备工作。救护者的自身保护对整个营救工作的成败是很重要的，为此营救者要准备好必备的安全用具，如绝缘手套、安全带、脚扣、绳子等。另外还要观察电杆情况，看电杆是否倾斜、横担是否牢固。此外，救护者确认触电者已与电源脱离，且救护者本身所涉环境安全距离内无危险电源时，方能接触触电者进行抢救。

（3）选好营救位置。一般来说，营救的最佳位置是高出受伤者约 20cm，并面向触电者。固定好安全带后，再开始营救。

（4）确定触电者病情。将触电者扶卧到救护者的安全带上，进行意识、呼吸、脉搏判定。如伤员有知觉，那么可进行口头安慰，并将他下放到地面进行护理。

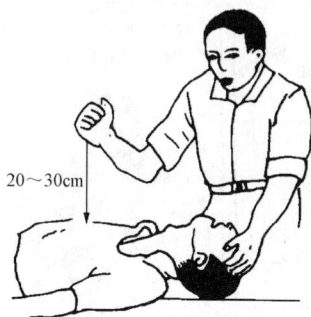

20～30cm

图 5-16　胸前叩击示意

（5）对症急救。如触电者呼吸停止，立即口对口（鼻）吹气 2 次，以后每 5s 再吹气 1 次；如颈动脉无搏动时（心跳停止），杆上难以进行胸外按压，可用空心拳头（空心拳小指侧肌内部）离胸前方 25～30cm 向胸前（心前区）叩击 2 次，如图 5-16 所示，以促使心脏复跳。如心跳不恢复，就不要再叩，应与地面联系，将触电者送至地面后，按前述办法进行抢救。

（6）下放触电者。为使抢救更为有效，应当及早设法将触电者安全送至地面。下放方法是否得当，是抢救触电者成败的关键。

下放方法有单人下放法和双人下放法：

1）单人下放时，首先在杆上安放绳索［见图5-17（a）］，然后用 3cm 粗的绳子将触电者绑好，将绳子的一端固定在杆子横担上，固定时绳子要绕 2～3 圈，目的是要增大下放时的摩擦力，以免突然将人放下时发生意外。绳子的另一端绑在触电者的腋下，绑的方法是在腋下环绕一圈，打三个半靠结［见图 5-17（b）］，绳头塞进触电者腋旁的圈内，并压紧［见图 5-17（c）］，绳子的长度一般应为杆高的 1.2～1.5 倍。最后将触电者的脚扣和安全带松开，再解开固定在电杆上的绳子，缓缓将触电者放下，如图5-17（d）所示。

2）双人的下放方法基本同单人的下放法，即救护者上杆后，将绳子的一端绕过横担，绑在触电者的腋下，绳子另一端不是由杆上救护者握住，而是由杆下另一人握住缓缓下放，杆上人可握住绑触电人的一端顺着下放，如图 5-17（e）所示。双人下放用的绳子要求长一些，应为杆高的 2.2～2.5 倍，另外要求杆上、杆下救护者做好配合工作，动作要协调一致，防止杆上人员突然松手，杆下人

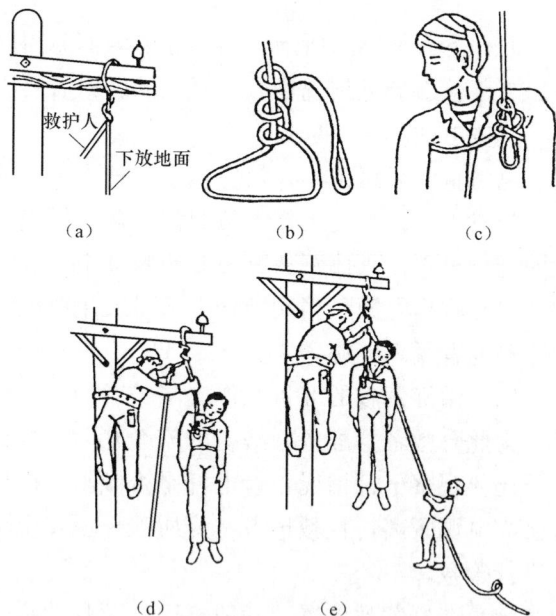

救护人　下放地面

（a）　　　（b）　　　（c）

（d）　　　（e）

图 5-17　单、双人下放伤员

（a）（b）（c）绳子结法；（d）单人下放法；（e）双人下放法

员没有准备，触电者从杆上快速降下而发生意外。

五、对症抢救

当触电者脱离电源以后，应根据触电者受伤害的轻重程度，采取以下不同的急救措施：

（1）若触电者神志清醒，只是感到心慌、四肢发麻、全身无力或者虽然曾一度昏迷，但未失去知觉，这时就要使触电者就地躺下休息，让他慢慢恢复正常。在休息中，要注意观察其呼吸和脉搏的变化，这期间暂时不要让触电者站立或走动，以减轻心脏负担。

（2）若触电者神志不清，则应将他就地躺平，确保其呼吸道畅通，并呼喊名字或轻拍其肩部，判定其是否丧失意识（见图5-18），但禁止用摇动头部的办法呼叫。

（3）如果触电者神志的确丧失，则应及时进行呼吸、心跳情况的判断，采取的办法是看、听、试。看，即看伤员的胸部、腹部有无起伏动作（看看有无气流），方法是救护者的脸贴近触电者的嘴和鼻孔处，也可用一张薄纸片放在触电者的嘴和鼻孔上，查看有无呼吸（纸片动，则有呼吸；纸片不动，呼吸中断）。听，即用耳贴近伤员的口鼻处，听听有无呼气声音；用耳贴在触电人的胸部，听听心脏是否停止跳动。

图5-18 判定触电者意识

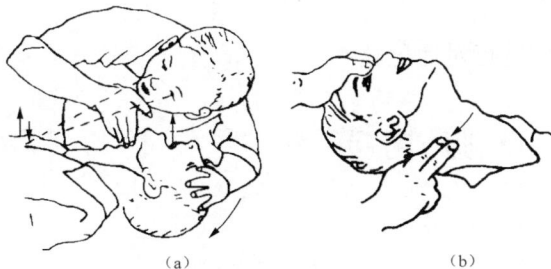

试，即用两手指轻试一侧（左或右）喉结旁凹陷处的颈动脉有无搏动，判断心跳情况。呼吸、心跳情况的判断如图5-19所示。

图5-19 呼吸、心跳情况的判断
（a）看、听；（b）试

（4）如果触电者已丧失意识且呼吸停止，但心脏或脉搏仍跳动，应采用口对口人工呼吸法抢救。

（5）如果触电者有呼吸，但心脏和脉搏停止跳动，应采用胸外心脏按压法进行抢救。

（6）如果触电者呼吸和心跳均已停止，则应立即按心肺复苏法支持生命的三项基本措施［即通畅气道；口对口（鼻）人工呼吸；胸外心脏按压］就地进行抢救。

　　人工呼吸法和胸外心脏按压法是目前现场救护的主要方法，只要操作正确、坚持不懈，对于一般"假死"状态的触电者来说，救活的可能性比较大。

　　在进行现场抢救的同时，还应尽快通知医务人员赶至现场急救，同时做好送往医院的准备工作。此外若触电者经现场抢救已恢复正常并返回家中，但仍要注意观察，以免再发生病变。

❓ 思考与练习

一、填空题

1. 假死分成＿＿＿＿，＿＿＿＿和心跳呼吸都停止三类。

2. 脱离电源就是使触电者与＿＿＿＿脱离开。

3. 如果触电者已丧失意识且呼吸停止，但心脏或脉搏仍跳动，应采用＿＿＿＿法抢救。

4. 如果触电者有呼吸，但心脏和脉搏停止跳动，应采用＿＿＿＿法进行抢救。

5. 如果触电者呼吸和心跳均已停止，则应立即按心肺复苏法支持生命的三项基本措施即：＿＿＿＿、＿＿＿＿、＿＿＿＿就地进行抢救。

二、判断题

1. 假死状态的触电者，抢救及时，大部分可以"起死回生"。　　　　（　　）

2. 割断电源线可以使触电者脱离高压电源。　　　　（　　）

三、简答题

1. 触电急救的基本原则是什么？

2. 使触电者脱离低压电源的方法主要有哪些？

3. 使触电者脱离高压电源的方法主要有哪些？

4. 如何进行杆上或高处触电急救？

5. 当触电者脱离电源以后，如何进行对症急救？

课题五　心肺复苏法

学习目标

会正确实施心肺复苏法进行现场急救。

知识点

心肺复苏法。

技能点

能够正确利用心肺复苏法进行现场急救。

学习内容

呼吸和心跳对人体的影响为：呼吸和心脏跳动是人存活的基本特征。一旦呼吸停止，肌体则不能建立正常的气体交换而死亡。同样，心脏一旦停止跳动，肌体则因血液循环中止、缺乏氧气和养料而丧失正常功能，也会死亡。在现场若发现伤员心跳和呼吸突然停止，则应采用现场心肺复苏法来进行抢救。只要抢救及时，复苏成功率较高。

某地区供电局在 5 年时间里，用人工呼吸法在现场成功地救活触电者达 275 人。

2008 年中国汶川大地震中，有不少人被发现时呼吸、心跳都已停止，但是经过现场医护人员及时抢救后，也都脱离了危险。

现场心肺复苏法就是根据伤员心跳和呼吸突然停止的不同情况，分别采取的一种支持心跳和呼吸的措施。一般心跳停止后必然随之呼吸停止，而呼吸停止后，心肌严重缺氧，心跳也会很快停止。因此，人工呼吸和胸外心脏按压需同时进行。在两者进行之前还必须清理伤员口腔异物、通畅气道。通畅气道、人工呼吸和胸外心脏按压是心肺复苏法支持生命的三项基本措施。

一、清理口腔异物、通畅气道

心肺复苏成功的关键是通畅气道。昏迷者气道阻塞最常见的现象是舌肌缺乏张力而松弛，舌根向后下坠堵塞气道，会厌堵住气道入口，造成上呼吸道阻塞，如图5-20所示。要对昏迷者进行人工呼吸，就必须开放气道，使舌根抬起离开咽后壁。但在开放气道时，如果已看到口内有异物或呕吐物，则应先将其清理掉。

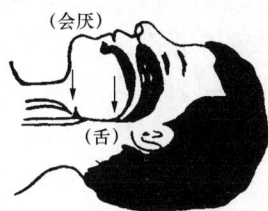

图 5-20　舌和会厌阻塞气道

1. 清理口腔异物

造成气道阻塞的原因除舌根坠入咽部外，还有在进食时，有大块食物、假牙、呕吐物等异物进入气道口，造成部分或完全气道阻塞，这时可根据触电者清醒或昏迷状态作不同处理。

（1）清醒者气道阻塞的处理。

1）强行咳嗽法。若触电者用手指抓住自己的脖子或指向咽喉部，则说明气道有部分阻塞，此时可让他尽量反复用力强行咳嗽，使异物慢慢移动而被咳出。

2）膈下腹部猛压法。让伤员站着或坐着，救护者站在他的背后，用手臂抱住触电者腰部，一手握拳，使拳头的拇指一边朝向伤员的腹部，位置在正中线脐眼的上方；另一只手紧握第一只手，快速向上猛压，拳头压向他的腹部，一次不行可多次猛压（见图 5-21）。

3）立位胸部猛压法。此法适用于肥胖人士，其方法是让伤员立位，救护者站在其背后，两臂通过其腋窝下方，环抱伤员胸部，拳头拇指侧放在胸骨中部（注意离开剑突和肋骨边缘），然后救护者用另一只手紧抓着拳头并向后猛压，直至异物排出（见图5-22）。

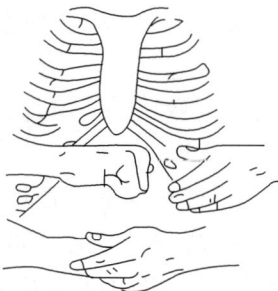

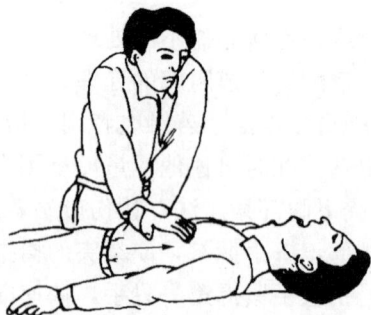

图5-21 膈下腹部猛压法　　　图5-22 立位胸部猛压法

（2）昏迷者气道阻塞的处理。

1）手指清除异物法。如果已经看到伤员口腔内的异物，则应该迅速用两个手指交叉取出或用手指将异物钩出口腔。方法是，救护者用拇指和其余手指握住伤员的舌和下颌，使口张开，然后将下颌骨和舌头一同上抬，同时将舌头从咽后部向外拉，将阻塞在咽部的异物拉到口腔内，这样可部分地解除阻塞；用另一只手的手指沿口角部位的内侧插入口腔，深达舌的根部，作钩取动作使异物松动落入口中取出（见图5-23）。

2）腹部猛压法。使伤员仰卧位，救护者跪在其大腿旁，用一只手的掌根置放在正中线脐部稍上方，远离剑突；另一只手直接叠在第一只手上，用迅速向上的动作，猛压腹部，并从腹部的正中向上推，不能推向左侧或右侧，否则就难以达到排出异物的目的（见图5-24）。

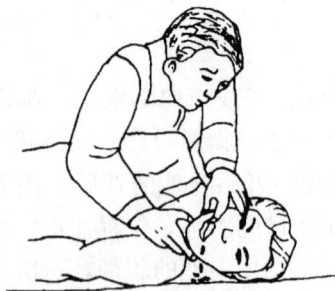

图5-23 用手指清除　　　图5-24 腹部猛压法

2. 通畅气道

异物从口腔清除掉后，即可进行通畅气道，其方法主要有以下两种：

（1）仰头抬颏法。这是一种简单、安全、易学和有效的一种方法。其方法是，将患者仰面躺平，抢救者位于伤员肩部呈跪状，用一只手放在伤员前额上，手掌用力向后压；另一只手的手指放在颏下将其下颏骨向上抬起，两手协同使下面的牙齿接触到上面牙齿，从而将头后仰，舌根随之抬起，呼吸道即可通畅。但应注意：在抬颏时不要将手指压向颈部软组织的深处，否则会阻塞气道。禁止用枕头或其他物品垫在伤员头下，否则头部抬高前倾，也会加重气道阻塞（见图 5-25）。

（2）托颌法。此法对通畅气道也非常有效。由于托颌可不必使头后仰，因此对颈部有损伤者更适用。其方法是，将伤者仰面躺平，抢救者跪在伤员的头部附近，两肘关节支撑在伤者仰卧的平面上，两手放在伤员的下颌两侧，以食指为主，用力将下颌角托起。在操作中，不得将头部从一侧转向另一侧或使头部后仰，以免加重颈椎部损伤（见图 5-26）。

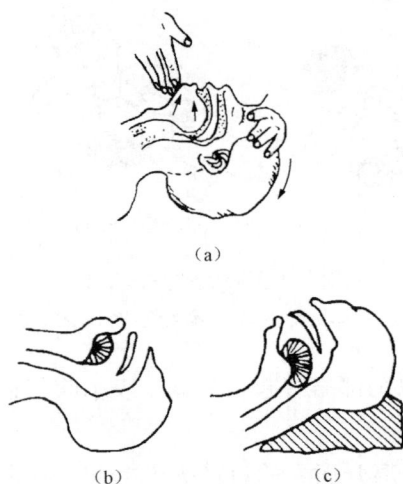

（a）

（b）　　　（c）

图 5-25　仰头举颏法
（a）仰头抬颏；（b）气道通畅；（c）气道阻塞

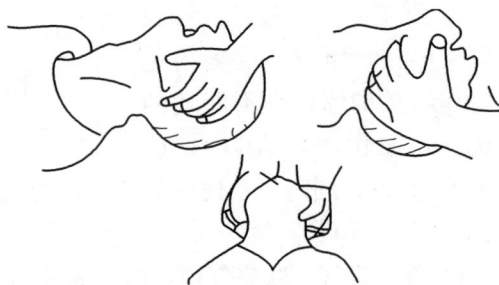

图 5-26　托颌法

二、人工呼吸

1. 口对口人工呼吸法

口对口人工呼吸就是采用人工机械动作（抢救者呼出的气通过伤员的口或鼻对其肺部进行充气以供给伤员氧气），使伤者肺部有节律地膨胀和收缩，以维持气体交换（吸入氧气，排出二氧化碳），并逐步恢复正常呼吸的过程，如图 5-27

图 5 - 27　口对口人工呼吸法

所示。

（1）准备工作。

1）按上所述做好清理口腔异物、通畅呼吸道的工作。

2）解开衣领扣、松开上身的紧身衣，解开裤带、摘下假牙，以使胸部能自由扩张。

3）维持好现场秩序，以便抢救。

（2）操作步骤。

1）头部后仰。当上述准备工作完成后，让伤员头部尽量后仰、鼻孔朝天，避免舌下坠导致呼吸道梗阻［见图 5 - 28（a）］。

2）捏鼻掰嘴。救护者站在伤员头部的左（或右）边，用放在前额上的拇指和食指捏紧其鼻孔，以防止气体从伤员鼻孔逸出；另一只手的拇指和食指将其下颌拉向前下方，使嘴巴张开，准备接受吹气［见图 5 - 28（b）］。

3）贴嘴吹气。救护者深吸一口气屏住，用自己的嘴唇包绕封住伤员的嘴，在不漏气的情况下，先作两次大口吹气，

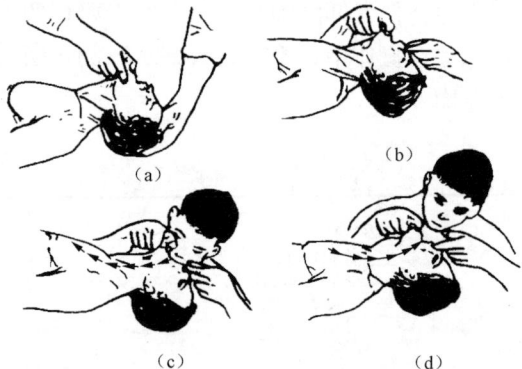

图 5 - 28　口对口人工呼吸的操作步骤
(a) 头部后仰；(b) 捏鼻掰嘴；(c) 贴嘴吹气；(d) 放松换气

每次 1～1.5s，同时观察伤员胸部起伏情况，以胸部略有起伏为宜，表示吹气适量［见图 5 - 28（c）］。

4）放松换气。吹完气后，救护者的口立即离开病人的口，头稍抬起，捏鼻子的手放松，让病人自动呼气［见图 5 - 28（d）］。

在吹完两口气后，每隔 5s 吹一次（吹 2s，放松 3s），每分钟吹气 12 次，依次不断，一直到呼吸恢复正常。

（3）检查效果。

1）胸部有起伏则效果好，无起伏可能是气道有阻塞，应检查气道。

2）呼气时感到有气体逸出，效果为好。如果伤员牙关紧闭，不便做口对口人工呼吸时，则应用小木片或小金属片从其嘴角伸入牙缝慢慢撬开其嘴。

2. 口对鼻人工呼吸

伤员如有严重的下颌和嘴唇外伤、牙关紧闭、下颌骨折等难以做到口对口密封时，可采用此法。其操作方法是：

（1）抢救者用一只手放在伤员前额上使其头部后仰，用另一只手抬起伤员的下颌并使口闭合。

（2）抢救者作一深吸气，用嘴唇包绕封住伤员鼻孔，并向鼻内吹气。

（3）抢救者的口部移开，让伤员被动地将气呼出，依次反复进行，其他注意点同口对口法。

注意：①每次吹气量不要过大，大于1200mL会造成胃扩张；②吹气时不要按压胸部；③儿童伤员需视年龄不同而异，其吹气量约为800mL左右，以胸廓能上抬为宜；④对婴、幼儿实施急救操作时要注意，因婴、幼儿韧带、肌肉松弛，故头不可过度后仰，以免气管受压，影响气道通畅，可用一手托颈，以保持气道平直；婴、幼儿口鼻开口均较小，位置又很靠近，抢救者可用口贴住婴幼儿的口与鼻的开口处，施行口对口鼻呼吸。

三、胸外心脏按压法

现场抢救危急伤员（呼吸停止、心跳停止）时除开放气道、人工呼吸（救生呼吸）外，还必须使心脏搏出血液进行循环。

胸外心脏按压法就是采用人工机械的强制作用（即在胸外按压心脏），迫使心脏有规律地收缩，从而达到恢复心跳，恢复血液循环，并逐步恢复正常的心脏跳动。

胸外心脏按压法主要是有节奏地按压胸骨下半部，它可使胸腔内压力普遍增加并对心脏产生直接压力，改善心、肺、脑和其他器官的血液循环。

1. 准备工作

（1）在进行胸外心脏按压前，应先测试颈动脉有无脉搏。如有脉搏，进行胸外按压就可能导致严重的并发症；如无脉搏，应在进行两次人工呼吸后立即进行胸外心脏按压。

（2）伤员应仰面躺平在平硬处（地面、地板或木板上），头部放平，如头部比心脏高，就会减小流向头部的血流量。下肢可抬高30cm左右，以帮助静脉回流。救护者跪在伤员的肩旁，两脚分开，准备按压。

2. 操作步骤

（1）确定胸外心脏按压的正确部位。

按压部位的正确与否，是保证胸外心脏按压实施效果好坏的重要前提，并可防止胸肋骨骨折和各种并发症的发生。

1）找切迹。救护者靠近病人，手的食指和中指并拢，沿胸廓下方肋缘向上直达肋骨与胸骨接合处，沿线称为切迹（见图 5－29）。

2）正确按压部位。一只手的中指置于切迹顶部，剑突与胸骨接合处，食指紧挨着中指置于胸骨的下端，另一只手的掌根紧挨着食指放在胸骨上，掌根处即为正确的胸外按压部位（见图 5－30）。

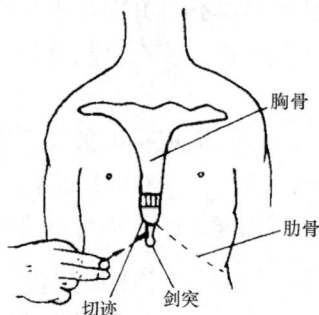

图 5－29　找切迹

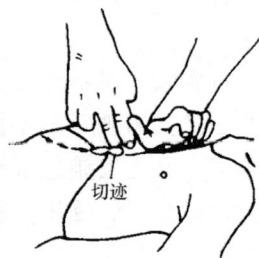

图 5－30　正确按压部位

（2）按压的正确姿势。

1）正确按压部位确定后，将第一只手从切迹处移开，叠放在另一只手的手背上，使两手相叠，以加强按压力量（见图 5－31）。

2）救护人跪在地面上，身体尽量靠近伤员；腰部稍弯曲，上身略向前倾，两臂刚好垂直于正确按压部位的上方，使压力每次均直接压向胸骨，肘关节要绷直不弯曲，手指翘起，离开胸壁和肋骨，只允许掌根接触按压部位（见图 5－32）。

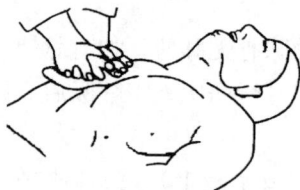

图 5－31　两手叠放位置

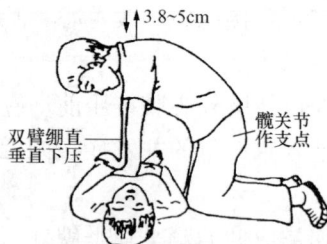

图 5－32　按压的正确姿势

（3）进行按压。

1）操作时，利用上身的重量，以髋关节为活动支点，掌根用适当的力量垂直向下按压（见图 5－33）。

2）压陷的深度一般为 3.8～5cm，然后掌根要立即全部放松（但双手不要离开胸腔），以使胸部自动复原，让血液回流入心脏。

3）按压的速度以每分钟 100 次为宜，放松时间与按压时间相等，各占 50%。假如按压时间长，放松时间短，就缩短了心脏舒张时间，影响血液回流。

四、救护过程中的注意事项

（1）若伤员呼吸、心跳都停止了，则采用人工呼吸和胸外心脏按压交叉救护。其操作节奏为：单人抢救时，每按压 30 次后，吹气 2 次（30：2），反复进行；双人抢救时（见图 5-34），每按压 5 次后，由另一人吹气 1 次（5：1），反复进行。

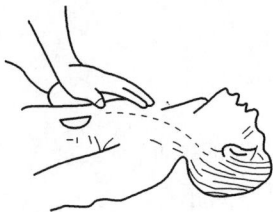

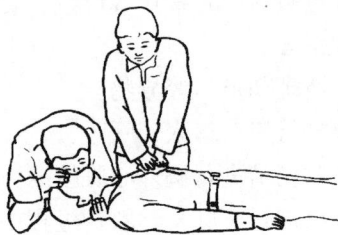

图 5-33 按压操作　　　　图 5-34 双人复苏法

（2）在抢救过程中，应用上述看、听、试的方法，在 5～7s 的时间内，对伤员的呼吸和心跳是否恢复进行再判定。若判定颈动脉已有搏动但无呼吸，则暂停胸外心脏按压，可再进行两次口对口人工呼吸，接着每 5s 吹气 1 次。如脉搏和呼吸均未恢复，则继续用人工呼吸和胸外心脏按压法进行抢救。

（3）抢救应在现场就地坚持进行，不要为图方便而随意移动伤员。只有在条件不允许时，才可将伤员抬到可靠地方进行急救。在将伤员移动和送往医院途中，抢救工作也不要中止，除非伤员呼吸和心跳完全恢复正常或者明显死亡。如抢救多时后，呼吸、心跳仍旧停止，瞳孔不缩小、对光照无反应，背部、四肢等部位出现红色尸斑，皮肤青灰、身体僵冷，且经医生确认死亡时，方可中止抢救。

（4）移动伤员或将其送往医院时，应使伤员平躺在担架上，并在其背部垫以平硬的阔木板，不得一人抱双臂、一人抬双腿抬着走。

（5）伤员好转初期，应严密监护，不能麻痹，随时准备再次抢救，以防心跳、呼吸在恢复的初期再次骤停，在此期间应让伤员安静休养。

? 思考与练习

一、填空题

1.＿＿＿＿＿和＿＿＿＿＿是人存活的基本特征。

2.＿＿＿＿＿、＿＿＿＿＿和＿＿＿＿＿是心肺复苏法支持生命的三项基本措施。

3. 通畅气道的方法主要有_____、_____。

4. _____就是采用人工机械动作，使伤者肺部有节律地膨胀和收缩，以维持气体交换，并逐步恢复正常呼吸的过程。

5. _____就是采用人工机械的强制作用，迫使心脏有规律地收缩，从而达到恢复心跳，恢复血液循环，并逐步恢复正常的心脏跳动。

二、判断题

1. 用枕头或其他物品垫在伤员头下有助于畅通气道。　　　　　（　　）

2. 双人抢救时，每按压 30 次后，由另一人吹气 1 次。　　　　（　　）

三、简答题

1. 如何清理伤员口腔异物？

2. 如何进行口对口人工呼吸？

3. 怎样对伤员进行胸外心脏按压，使其恢复心脏跳动？

4. 对伤员进行心肺复苏救护过程中应注意哪些问题？

课题六　外　伤　急　救

学习目标

1. 知道外伤急救的基本要求。

2. 会实施止血急救和骨折急救。

知识点

1. 外伤急救的基本要求。

2. 止血急救。

3. 骨折急救。

技能点

能够正确实施止血急救和骨折急救。

学习内容

在电力生产、基建过程中，人体除了触电造成的伤害以外，还会发生高空坠落、机械卷轧、交通挤轧、摔跌等意外伤害造成的局部外伤，因此在现场急救中，还应会进行适当的外伤处理，以防止细菌侵入，引起严重感染或摔断的骨尖刺破皮肤、周围组织、神经和血管，而引起损伤扩大。及时、正确的救护，才能使伤员转危为安，任何迟疑、拖延或不正确的救护都会给伤员带来危害。因此，电力工人应该了解现场外伤救护的基本常识，学会急救的简单方法，以减少伤员的痛苦，避免可能发生的伤残，从而达到现场自救、互救的目的。

一、基本要求

（1）外伤急救原则上是先抢救、后固定、再搬运，并注意采取措施防止伤情加重或污染，需要送医院救治的，应立即做好保护伤者的措施，然后送医院救治。

（2）抢救前，先使伤者安静、躺平，判断全身情况和受伤程度，如有无出血、骨折和休克等。

（3）有外伤出血时，应立即采取止血措施，防止因出血过多而休克。如外观无伤，但伤者已呈休克状态，神志不清，或处于昏迷状态，此时要考虑胸腹部内脏或脑部受伤的可能性。

（4）为防止伤口感染，应用清洁布片覆盖伤口。救护者不能用手直接接触伤口，更不能在伤口内填塞任何东西或随便用药。

（5）搬运时，应使伤者平躺在担架上，腰部束在担架上，防止跌下。平地搬运时伤者头部在后，上楼、下楼、下坡时头部在上，搬运中应严密观察伤者，防止伤情突变。

二、止血急救

（一）止血的意义

血液是存在于心脏和血管里的液体，它借助心脏收缩、舒张的力量，在血管内循环流动。血液的功能是保证全身各组织和心脏、器官有正常机能和新陈代谢的进行。一般健康人的血液占其体重的 8％左右，约 4500～5000mL。在电力生产、基建和日常生活中，很难避免创伤出血，但只要是小伤口、出血量少，对人体健康并无多大影响。如果是较大的动脉血管受到损伤，则会造成大出血。如果抢救或处理不当，伤员就可能出血过多而危及生命。一般急性失血 10％（相当于 400～500mL）时，伤员除了心跳略快以外，并无其他特殊症状；当失血量达总血量的 20％以上时，即可出现头晕、头昏、脉搏增快、血压下降、出冷汗、肤色变白、尿量减少等症状；如果失血量达总血量的 40％～50％，则会出现脸色惨白、神志不清、脉搏细弱无力，可能危及生命。在现场工作中，若发生创伤并伴有大出血情况，则首先及时有效地予以止血，这对于抢救伤员生命具有极为重要的意义。

（二）损伤性出血的分类

损伤性出血是指由于人体受到损伤，血液从损伤部位的血管外流。

1. 以血管分类

（1）动脉出血。其特点是出血呈鲜红色，出血速度快且量多，不易凝固，血流从断裂动脉血管内呈喷射状流出。

（2）静脉出血。出血呈暗红色，速度较慢或点滴出血，容易控制。

（3）毛细血管出血。出血血流很慢，呈渗血状，大约在 6～8min 左右均能自行凝固停止。

2. 以损伤类型分类

（1）外出血。就是指受外伤时血液从损伤的血管流向体外。

（2）内出血。指血管破裂后血液积滞在体腔内、体外看不到的出血。如腹部发生外伤后肝脾破裂、骨盆骨折引起腹膜出血等。

（三）止血方法

现场发生的创伤大部分是外出血，有时也会是内出血的。在现场进行急救主要是针对外出血的，因此这里只讲述外出血的止血法。外出血的常用止血方法主要有以下几种：

1. 抬高患肢位置法

适用于肢体小出血，其方法是将患肢抬高，使其超过心脏位置，目的是增加静脉回流和减少出血量。

2. 加压包扎止血法

加压包扎是一种常用的有效止血法，大多数创伤性出血经加压包扎均能止住或减少出血，其方法是：

（1）先用数块面积大于伤口面积的灭菌纱布覆盖在伤口上，然后用手指或手掌用力加压，假如出血量不多，经直接加压止血后大多能够奏效。现场无消毒纱布时可用清洁的手帕或布片代替，也可从衣服上剪下最清洁的部分，用以代替纱布加压包扎。然后将出血肢体抬高。

（2）加压 10～30min 后，一般都能止血。出血停止后不必调换原来的纱布（或其他包垫物），让血染的纱布留在原处不动，以防更换时引起再出血。如怀疑尚有少量渗血，则可在原纱布上再重叠放置纱布数块，略加压力包扎，然后送医院再进行处理。这个方法用于四肢止血是合适和安全的，上肢出血加压包扎示意如图5-35所示。

3. 指压止血法

指压止血法就是用手指压迫出血管的上部止血。这是最方便而又及时的临时止血法，适用于现场止血急救。具体做法是，在伤口的靠近心脏端找到出血肢、体部位的止血点，用手指用力向骨头压迫，这样就会阻断血流来源而达到急救止血的目的。此法适用于面部、颈部和四肢动脉的出血。

（1）面部出血。供应侧面部血液的血管是颜面动脉，当此处出血时，应用手指压住下颌角（下巴颌）前一横指处的血管（见图5-36）。

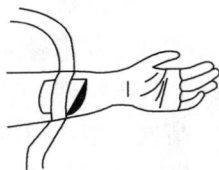

图 5-35　上肢出血加压包扎示意

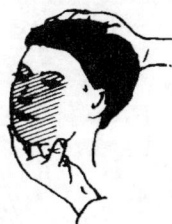

图 5-36　面部止血

（2）颈部出血。用四个手指并拢，在颈部凹陷处可以触及颈动脉的搏动，手指放在搏动处，拇指放在伤员颈后部，前后手指共同用力，将颈动脉向颈椎方向加压（手指要固定于搏动点上，不能揉搓，见图 5-37）。

（3）上肢出血。上肢止血时，首先要找到肱动脉的止血点位置，上肢止血点见图 5-38（a）。若上臂出血，其止血法为，一手抬高患肢；另一手四个手指将肱动脉压向肱骨上，见图 5-38（b）。若前臂出血，则将患肢抬高，用四个手指压在肘窝处肱二头肌内侧的肱动脉，见图 5-38（c）。

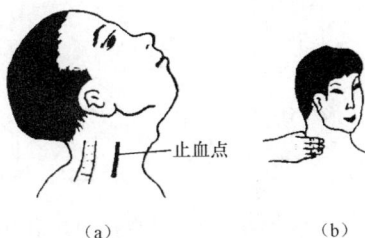

图 5-37　颈部止血
（a）止血点；（b）止血法

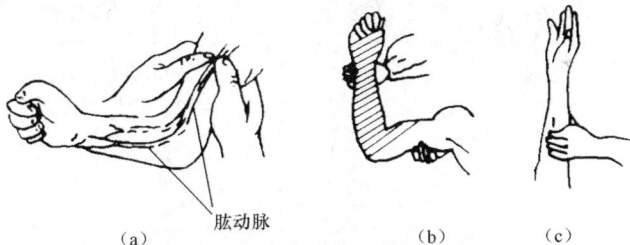

图 5-38　上肢出血止血示意
（a）前臂止血点；（b）上臂止血；（c）前臂止血

（4）下肢出血。下肢出血时，首先要找到股动脉止血点位置。止血点在腹股沟的中点稍下方（用手指可试出股动脉的搏动），下肢止血点部位见图 5-39（a）。若大腿出血，则可用双手拇指向后用力压迫大腿出血止血点部位（股动脉），见图 5-39（b）。

（5）肩、腋部出血。用拇指压迫同侧锁骨上窝，将锁骨下动脉压向第一肋骨〔见图 5-40（a）〕。

（6）手指出血。将患指抬高，用食指、拇指分别压迫手指两侧的指动脉〔见图

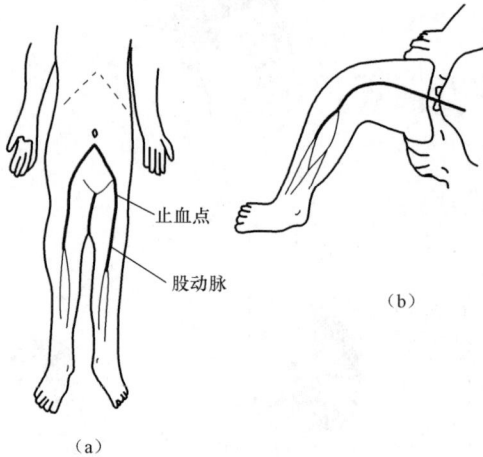

图 5－39　下肢出血止血方法
(a) 股动脉止血点；(b) 大腿出血止血点及指压法

5－40 (b)]。

(7) 脚出血。用两手拇指分别压迫足背动脉和内踝与跟腱之间的胫后动脉 [见图 5－40 (c)]。

高处坠落、撞击、挤压的受伤者，可能有胸腹内脏破裂和出血现象。如果伤员外表无出血情况，但有面色苍白、脉搏细弱、气促、四肢冰冷、神志不清等现象时，则应让伤员迅速躺平，抬高下肢，如图 5－41 所示。还应注意伤者的保暖，并迅速送医院救治，其间可给伤员饮用少量糖盐水。

(四) 现场伤口的简单包扎

1. 包扎的目的

伤口是细菌侵入人体的门户，哪

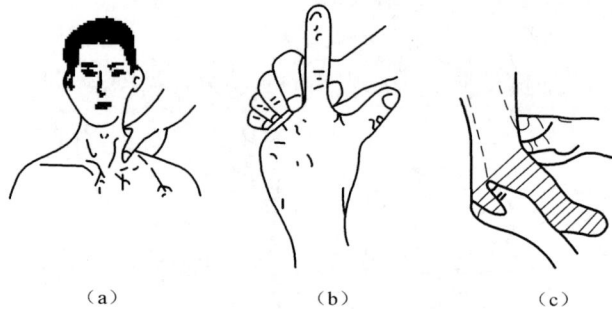

图 5－40　其他部位止血示意
(a) 肩、腋止血；(b) 手指止血；(c) 脚止血

怕只是一个小伤口，病菌也会乘机侵入人体，并生长、繁殖、放出毒素，使伤口感染，如果不及时包扎，轻者伤口化脓，重者全身感染，甚至危及人的生命安全。因此，当现场有人受伤后，在送往医院之前施行一些简单的包扎是很有必要的，可以保护伤口，防止伤口感染、发炎，然后找医生或送医院继续治疗。

2. 对包扎的要求

首先包扎时动作要轻，尽量不碰撞伤口，以免增加伤员的疼痛和出血；其次包扎要迅速、松紧合适、方法得当；同时还要注意不能用水冲洗伤口、去掉血迹，也不准用手和脏物触摸伤口。

3. 包扎步骤和材料

首先要弄清伤口位置和受伤情况，然后依不同伤情进行对症救护和包扎。使伤口暴露，并检查伤情，再进行包扎。在伤口暴露过程中，如需脱衣服时，应先脱未受伤的一侧，然后再脱负伤的一侧。若伤情严重不能脱衣时，可沿衣缝将衣服剪、撕开。若衣服已粘在伤口上，则不能用力拉，也不要用水浸湿揭下，在紧急情况下，可在衣服外面包扎。

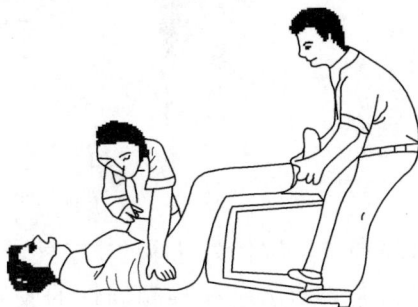

图5-41 抬高下肢示意

包扎伤口的常用材料是绷带、三角巾、四头带。如果现场无这些材料，则可临时用干净的手绢、毛巾、衣物代替。包扎时要用干净的一面接触伤口，然后尽快去医院（卫生所）更换消毒敷料进行重新包扎。

（1）制作三角巾。用一块 $1m^2$ 正方形的棉布，对角剪开即成两条三角巾，也可折叠成条带或燕尾巾，如图5-42所示。

（2）制作四头带。把一段绷带或一条长方形棉布的两端从中线剪开，即制成四头带。

4. 不同部位的简单包扎

（1）膝关节包扎。用三角巾折成适合于伤部宽度的条带，斜放在伤口，用条带两端分别压住上、下两边，缠绕肢体一周，然后在肢体内侧或外侧打结，此法同样也适用于上肢包扎，见图5-43。

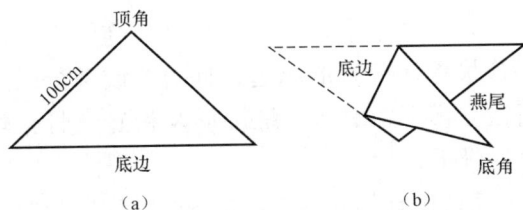

图5-42 三角巾及燕尾巾
（a）三角巾；（b）燕尾巾

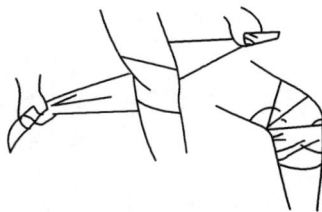

图5-43 膝关节包扎

（2）头面部伤。包扎头面部伤时，可用三角巾或四头带，打结时尽可能打在以下部位，即下颌下、后脑勺下或前额的眉弓处，以免包扎松落，见图5-44。

三、骨折急救

骨骼的完整性或连续性遭到破坏，即称骨折。骨骼是人体中最坚硬的组织，略

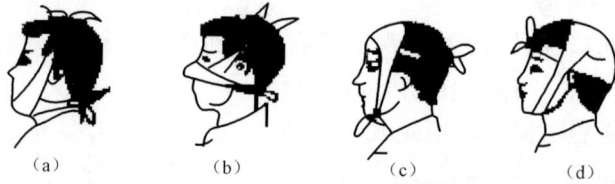

图 5-44　不同部位的简单包扎
(a) 下颌；(b) 鼻；(c) 前额；(d) 后脑勺

带有弹性，它除作为身体的支架外，还起着保护人体脏器的作用。人体的骨组织里含有坚硬的石灰质和具有韧性的胶质，其化学成分以钙磷为主，约占骨成分的70%。随着年龄的增长，胶质逐渐减少，石灰质逐渐增多，因此，骨的脆性就会增加，一旦受到外力作用，如撞击、高处摔下、挤压等，就会发生骨折。骨折时，不但骨骼本身受到破坏，骨附近的其他软组织，如纤维、韧带、肌肉、神经、血管等也会受到不同程度的损伤。

（一）骨折的分类

人体全身有 206 块骨，都可能发生各类骨折。以下介绍骨折的主要类型。

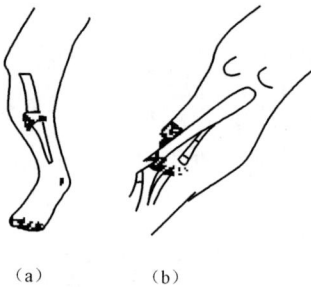

图 5-45　闭合性与开放性骨折
(a) 闭合性骨折；(b) 开放性骨折

1. 按骨折端与皮肤、肌肉的关系分类

（1）闭合性骨折。骨折端没有刺出皮肤，与外界空气不相通，见图 5-45（a）。

（2）开放性骨折。骨折端刺出皮肤、肌肉，与外界空气相通，见图 5-45（b）。

2. 按骨折断裂的程度分类

（1）完全性骨折。骨的完整性或连续性全部中断，管状骨骨折后形成远、近两个或两个以上的骨折段。横形、斜形、螺旋形及粉碎性骨折均属完全性骨折。

（2）不完全性骨折。骨的完整性或连续性仅有部分中断，如颅骨、肩胛骨及长骨的裂缝骨折等均属不完全性骨折。

3. 按骨折前骨组织是否正常分类

（1）外伤性骨折。骨结构正常，因暴力引起的骨折，称之为外伤性骨折。

（2）病理性骨折。病理性骨折不同于一般的外伤性骨折，其特点是在发生骨折以前，骨本身即已存在着影响其结构坚固性的内在因素，这些内在因素使骨结构变得薄弱，在不足以引起正常骨骼发生骨折的轻微外力作用下，即可造成骨折。

（二）骨折的症状与判断

如果发现有人因摔伤、挤伤而出现以下症状时，就可初步确定是发生了骨折。

1. 临床表现

（1）休克。严重外伤、大型骨折或多发性或开放性骨折、大出血、软组织严重损伤引起的剧烈疼痛，均可引起休克。

（2）肿胀。由于骨髓和骨膜及周围软组织损伤、血管破裂而出血，都可引起皮下瘀血和肿胀。

（3）疼痛。骨折后，患者均有疼痛、压痛和传递性叩痛。骨折后疼痛剧烈，活动时加重。在骨折部位有明显的压痛，在肢体远端叩击时，也可引起骨折部位疼痛。

（4）功能障碍。骨折后由于肢体内部支架的断裂和疼痛，使肢体丧失部分和全部活动功能。

2. 特有体征

（1）畸形：因暴力作用、骨肉收缩等使骨折发生旋转、移位，使肢体出现畸形。

（2）异常活动：在没有关节处出现假关节的不正常现象。

（3）骨摩擦音：骨折端移动时有相互摩擦的声音和感觉。

在现场发现伤员出现上述症状时，要想到可能是发生了骨折，应做好骨折急救工作，然后送医院进行救治。

（三）骨折的现场急救

1. 骨折急救的基本原则

（1）现场急救的目的是防止伤情恶化，为此，千万不能让已经骨折的肢体活动，不能随便移动骨折端，以防锐利的骨折端刺破皮肤、周围组织、神经、大血管等。首先应将受伤的肢体进行包扎和固定。

（2）对于开放性骨折的伤口，最重要的是防止伤口污染。为此，现场抢救者不要在伤口上涂任何药物，不要冲洗或触及伤口，更不能将外露骨端推回皮内。

（3）抢救者应保持镇静，正确地进行急救操作，还要取得伤员的配合。现场严禁将骨折处盲目复位。

（4）待全身情况稳定后再考虑固定、搬运。骨折固定材料常采用木制、塑料和金属夹板。如果现场没有现成的夹板，则可就地取材，采用木板，竹竿、手杖、伞柄、木棒、树枝等物代替。骨折固定时，应注意要先止血，后包扎，再固定。选择的夹板长度应与肢体长度相对称。夹板不能直接接触皮肤，应采用毛巾、布片垫在夹板上，以免神经受压损伤。

（5）现场骨折急救仅是将骨折处作临时固定处理，在处理后应尽快送往医院救治，下面介绍几个部位的骨折现场急救法。

2. 几个部位骨折的急救

（1）前臂骨折。

当现场有夹板时，可将一块长度超过肘、腕关节的夹板放置在骨折前臂的外侧，在骨折突出部位加好垫，然后固定腕、肘两个关节，用三角巾将前臂屈曲悬吊在胸前，再用另一三角巾将伤肢固定于胸廓。

若现场没有夹板，可先用三角巾把伤肢悬挂在胸前，然后再用另一块三角巾将伤肢固定于胸廓。如图 5－46 所示。

（2）上臂骨折。

现场有夹板时，可将一块长度超过肘、肩关节的夹板放在骨折上臂外侧，骨折突出部位要加垫，然后固定肘、肩两关节，用三角巾将上臂屈曲悬挂胸前，再用另一三角巾将伤肢固定于伤员胸廓。

若现场没有夹板，仍可采用两块三角巾如上述方法将伤肢固定于胸廓。如图 5－47 所示。

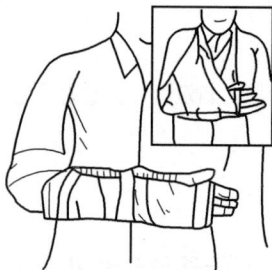

图 5－46　前臂骨折处理　　　　　图 5－47　上臂骨折处理

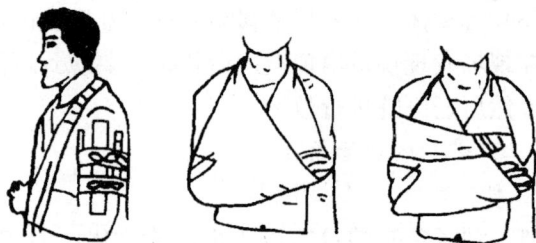

（3）锁骨骨折。

1）单侧锁骨骨折。

如果伤员只有单侧锁骨骨折，让伤员坐直，将三角巾折成燕尾状，将两燕尾从胸前拉向颈后，并在颈一侧打结；受伤侧上臂屈曲 90°，三角巾兜起前臂，三角巾顶尖放肘后，再向前包住肘部并用安全别针固定。如图 5－48 所示。

2）两侧锁骨骨折。

如果伤员有两侧锁骨骨折，应在伤员背部放丁字形夹板，两腋窝放衬垫物，用绷带作"8"字形包扎，其顺序为左肩上→横过胸部→右腋下→绕过右肩部→右肩上斜过前胸→左腋下→绕过左肩，依次缠绕数次，以固定牢固夹板为宜，腰部用绷带将夹板固定好。如图 5-49 所示。

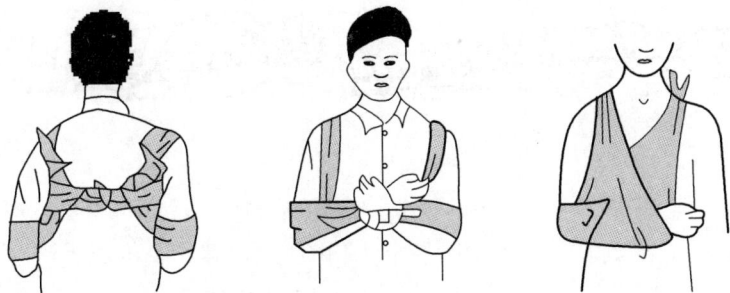

图 5-48　单侧锁骨骨折处理

（4）小腿骨折。

当现场有夹板时，可将一块长度上至腰部，下至足跟的夹板放在小腿外侧，骨折突出部位要加垫，然后分别在骨折上、下端、踝关节、膝关节和腰部绑紧夹板固定。如图 5-50（a）所示。

若现场无夹板，可采用健肢固定法。即以正常健肢作夹板，连同伤肢一起用绷带或三角巾分段固定，双足用"8"字形绷带扎

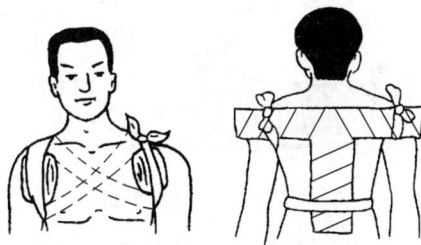

图 5-49　两侧锁骨骨折处理

牢，膝及踝之间应垫以棉花或毛巾，并要防止关节弯曲。如图 5-50（b）所示。

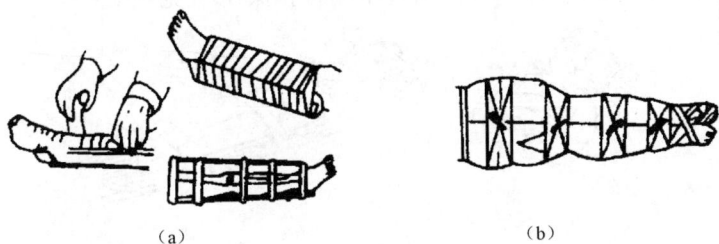

（a）　　　　　　　　　　（b）

图 5-50　小腿骨折处理
（a）用夹板固定；（b）用健肢固定

（5）大腿骨折。

当现场有夹板时，可将一块长度上至腋下，下至足跟的夹板，放在大腿外侧，骨折突出部位加好软垫，然后用 6 块三角巾或绷带、布条等分别在踝关节、膝关节下、骨折上、下端、腰部、胸部绑紧夹板，如图 5-51（a）所示。

如果现场没有夹板，也可利用健肢进行固定。如图 5-51（b）所示。

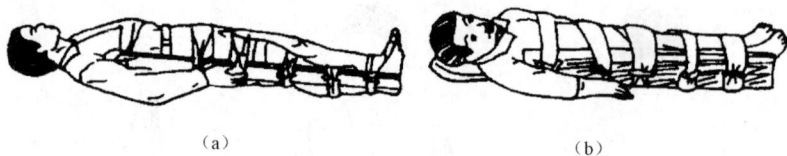

（a）　　　　　　　　　　　　　　（b）

图 5-51　大腿骨折处理

（a）用夹板固定；（b）健肢固定法

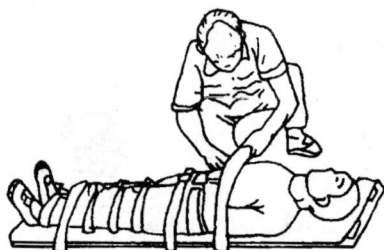

图 5-52　骨盆骨折处理

（6）骨盆骨折。

骨盆骨折应由 3～4 人平托伤员的头、胸、骨盆和腿，一致用力移至木板或担架上。也可使伤员平滚至木板上，然后将伤员与板固定转送。如图 5-52 所示。

切记移动伤员时各部位受力要均衡，严禁抱式搬运。

（7）颈椎骨折。

让伤者躺平，不要抬头、摇头、转动、搀扶活动、行走或翻身脱衣，否则，转动头部可能立刻导致伤员瘫痪，甚至突然死亡；救护者可位于伤员头部，两手稳定垂直地将头部向上牵引，并将可脱卸的环形颈圈或小枕置于伤员的颈部，以维持牵引不动；用较厚的（或多册）书籍或沙袋等堆置头部两侧，使头部不能左右摇动；用绷带将伤员额部连同书籍等再次固定于木板担架上（见图 5-53）。

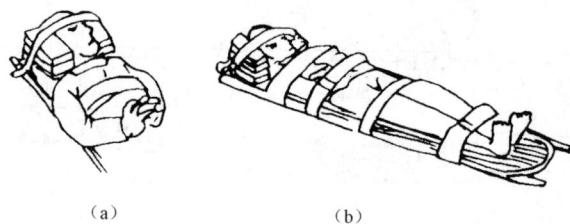

（a）　　　　　　　　　　（b）

（c）

图 5-53　颈椎骨折处理

190

３. 伤员的搬运

在现场进行止血、包扎或骨折固定之后，要搬运伤员去医院救治，搬运的方法正确与否对伤员的伤情及以后的救治效果好坏都有直接关系。

搬运伤员的原则是：让伤员舒适、平稳，而且力争将有害影响降低到最小限度。

（1）将一般伤员搬上担架的做法。两担架员跪下右腿，一人用手托住伤员头部和肩部，另一只手托住腰部；另一人一只手托住骨盆，另一只手托住膝下；二人同时起立，把伤员轻放于担架上（见图５－５４）。

现场无正式担架时，可临时用自制担架，其式样如图５－５５所示。

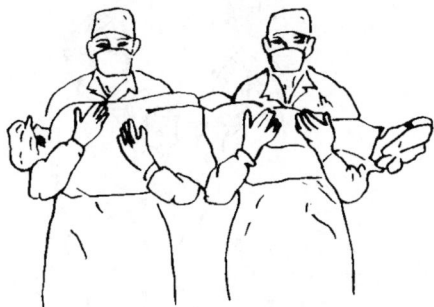

图５－５４　搬伤员的方法

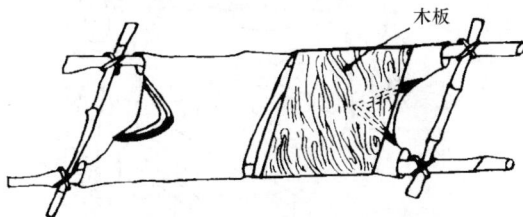

图５－５５　临时担架

（2）颈椎骨折伤员的搬运。对这种病人的搬运更需注意，一不小心可能造成立即死亡。搬运方法是，由３～４人一起搬动，其中一人专管头部牵引固定，使头部保持与躯干成直线位置，以维持颈部不动；其余蹲在伤员的同侧，其中两人托住躯干，一人托住下肢，一齐起立，将伤员轻放在担架上（见图５－５６）。

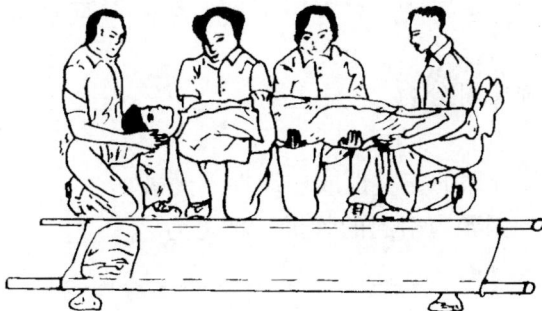

图５－５６　颈椎骨折伤员的搬运

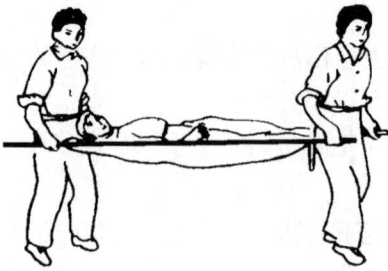

图 5-57　平地搬运的方法

（3）伤员的运送。使伤员平躺在担架上，并将其腰部束在担架上，防止跌下。平地运送时，伤员头部在后（见图5-57）；上楼、下楼、下坡时，让伤员头部在上（见图5-58）。没有采用任何工具和保护措施的情况下运送，伤员易加重伤情甚至死亡（见图5-59）。在运送伤员的过程中，应密切观察伤员，以防止病情突变。

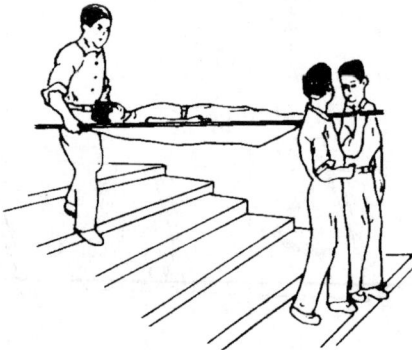

图 5-58　上楼、下楼时的搬运方法

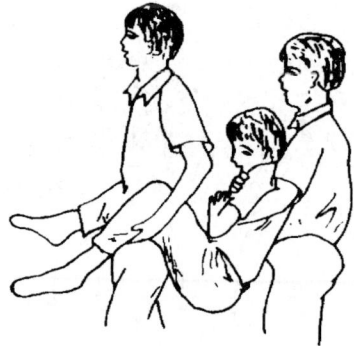

图 5-59　错误搬运法

思考与练习

一、填空题

1. 外伤急救原则上是先＿＿＿＿、后＿＿＿＿、再＿＿＿＿。

2. ＿＿＿＿的功能是保证全身各组织和心脏、器官有正常机能和新陈代谢的进行。

3. 伤性出血按血管可分为＿＿＿＿、＿＿＿＿、＿＿＿＿；按损伤类型可分为＿＿＿＿、＿＿＿＿。

4. ＿＿＿＿是指骨骼的完整性或连续性遭到破坏。

5. 骨结构正常，因暴力引起的骨折，称之为＿＿＿＿。

6. 骨折的临床表现有＿＿＿＿、＿＿＿＿、＿＿＿＿、＿＿＿＿。

二、简答题

1. 外伤急救的基本要求有哪些？

2. 什么是损伤性出血？如何对其进行分类？

3. 外出血的常用止血方法主要有哪几种？

4. 如何进行加压包扎止血法？

5. 什么是指压止血法？如何进行指压止血法？

6. 什么叫骨折？如何对骨折进行分类？

7. 骨折急救的基本原则有哪些？

8. 如何进行骨折伤员的搬运？

课题七　其　他　急　救

学习目标

会进行烧伤急救、冻伤急救、动物咬伤急救、溺水急救、中暑急救和有害气体中毒急救。

知识点

1. 烧伤急救求。

2. 冻伤急救。

3. 动物咬伤急救。

4. 溺水急救。

5. 中暑急救。

6. 有害气体中毒急救。

技能点

能够正确实施烧伤急救、冻伤急救、动物咬伤急救、溺水急救、中暑急救和有害气体中毒急救。

学习内容

一、烧伤急救

在电力生产和建设中，工作人员会遇到不同种类的烧伤危害，因此掌握有关烧伤方面的急救知识是很有必要的。烧伤救治的最早一个环节就是现场急救，其基本原则是：迅速脱离致伤源，立即冷疗，就近急救和分类转送专科医院。

1. 迅速脱离致伤源

(1) 火焰烧伤：迅速脱去着火的衣服或用水浇灌或卧倒打滚等方法，熄灭火焰。切忌奔跑喊叫，以防增加头面部、呼吸道损伤。

(2) 热液烫伤：脱去热液浸湿的衣服（尽可能避免将疱皮剥脱，可先用冷水冲洗带走热量后，剪开热液浸湿衣服）。

（3）化学烧伤：脱去致伤因素浸湿的衣服，迅速用大量清水长时间冲洗，尽可能去除创面上的化学物质。注意生石灰烧伤应用干布擦净生石灰，再用水冲洗；磷烧伤要用大量水冲洗浸泡，或用多层湿布包扎创面（禁用油质敷料包扎），防止磷自燃。

（4）电烧伤：立即切断电源，再接触患者。如患者出现心跳呼吸停止，立即进行胸外心脏按压和人工呼吸，待呼吸心跳恢复后及时送附近医院进一步治疗。如电弧烧伤引起，切断电源后，按火焰烧伤处理。

2. 冷疗处理

冷疗即用冷水冲洗、浸泡或湿敷是烧伤早期最为有效而经济的手段，其优点：①可迅速降温，减轻烧伤深度；②减轻疼痛；③经济方便；④可清洁创面。时至今日还有人错误认为"烧伤时禁用冷水，否则冷水浇身会火毒攻心，凶多吉少"，为此不知耽误多少病人的现场救治。

3. 保护创面

现场烧伤创面无需特殊处理。尽可能保留水疱皮完整性，不要撕去腐皮，同时只要外裹一层敷料或清洁的被单、衣服等进行简单的包扎。创面忌涂有颜色药物及其他物质如紫药水等，也不要涂膏剂如牙膏等，以免影响对创面深度的判断和处理。

4. 镇静止痛

尽量减少镇静止痛药物应用，如遇到疼痛敏感患者可给予杜冷丁、异丙嗪等药物肌肉注射；持续躁动不安者切不可盲目镇静，要考虑是否会休克。

5. 补液治疗

由于急救现场常不具备输液条件，伤员一般可适当口服片剂（每片含氯化钠 0.3g，碳酸氢钠 0.15g，苯巴比妥 0.03g，糖适量。每服一片，服开水 100mL），或含盐的饮料，如加盐的热茶、米汤、豆浆等。但不宜喝大量白开水，以免发生水中毒。

6. 转送治疗

原则上就近急救，但若当地无救治条件，危重患者需及时转送至条件好的医院。转送需要注意以下几方面：

（1）保证输液，减少休克发生的可能性。

（2）保持呼吸道通畅。伴有吸入性损伤者，轻度需抬高头部；中度需气管插管；重度需气管切开。

（3）留置导尿管，观察尿量。成人最好保证 80～100mL/h；小孩 1mL/（h·kg）。

（4）注意创面简单包扎。

（5）注意复合伤的初步处理。

（6）注意患者保暖。

（7）运输途中要尽量减少颠簸，减少休克发生可能性。

二、冻伤急救

冻伤是在一定条件下由于寒冷作用于人体，引起局部乃至全身的损伤。因此人们应了解冻伤方面的相关知识，学会一些紧急救护方法，以便现场救护伤员和保护自己的人身安全。

1.冻伤原因

（1）在严寒大风环境里作业，人体产生的热量会很快散失。如果人体长时间静止不动，衣、鞋袜太紧，穿衣单薄等，人体局部血液循环会发生障碍，热量来源减少而发生冻伤。

（2）人体疲劳、营养不良时，其抵抗力下降，对外界温度变化的调节和适应能力也降低，这时容易冻伤。

2.冻伤分类

（1）冻疮。多见于人体暴露部位，受冻后产生痒痛和灼痛，痊愈后不留疤痕。

（2）冻伤。寒冷作用引起的局部组织损伤。

（3）冻僵。人在寒冷环境里体温下降至25℃以下出现的严重损伤，此时全身关节、肌肉僵硬，神志不清，甚至死亡。

3.现场急救

冻伤急救就是当有冻伤发生时，救护者按医学护理的原则，利用现场适用物资及适当地处理伤员，然后从速送院。在现场，可按冻伤的轻重程度给予不同的急救处理。

（1）轻、中度冻伤的处理。

可将冻伤部位慢慢升温，如手足冻伤时，可将其放于腋下，下肢用厚大衣或皮衣包住，切忌采用火烤、雪擦等办法；使伤员尽快脱离寒冷环境，到温暖的室内，有条件时喝些热饮料或少许烧酒。

（2）重度冻伤的处理。

1）立即抬至室内，采取全身保暖措施，如盖棉被、毛毯，并用热水袋、电热毯等加温。

2）能进食者可喝些姜汤、热茶、糖水等温热饮料。

3）将潮湿衣服、鞋袜立即脱掉或齐缝剪去，换上干燥柔软的衣服。

4）冻僵肢体不要强行屈曲，搬移时动作要轻，以免骨折。

5）观察脉搏、呼吸情况。停止者应立即进行心肺复苏，要注意全身冻伤者的呼吸和心跳，有时身体虚弱，不应误认为死亡。

6）现场抢救后，尽快转送医院继续救治。

三、动物咬伤急救

在野外工作时，除了容易发生冻伤外，还会受到动物咬伤的伤害，如毒蛇咬伤或疯狗咬伤。当人被毒蛇或狗咬伤后，如急救不及时，也会有生命危险。因此在户外作业时要警惕、防止发生被动物咬伤事故。一旦发生后，要采取紧急救护措施，以减轻伤情、防止发生人身死亡事故。

（一）毒蛇咬伤急救

蛇按有无毒性可分为有毒蛇和无毒蛇。当人被毒蛇咬伤后，毒腺中的毒液顺着蛇上腭前面的两颗毒牙注入人体。如蛇毒直接进入血液循环，可在短时间内引起死亡。毒蛇咬伤后在咬伤的地方常会看到两个牙痕。

1. 毒蛇咬伤后的症状

（1）疼痛感。咬伤后数分钟即可出现剧烈痛、烧灼感、刺痛、麻木，疼痛持续不减且逐渐加剧。

（2）浮肿。浮肿是毒蛇咬伤后的常见现象，一般在 20～30min 内出现，6～12h 浮肿明显。

（3）出现红斑。咬伤早期为小面积发红，之后毒素扩展，红斑明显可见。毒素多时，有出血性水泡，局部皮肤变为暗红色。

毒蛇咬伤后，常出现全身乏力、呕吐、腹痛、呼吸困难、流涎、脉变、出血，甚至休克、呼吸循环衰竭。

2. 现场急救

（1）伤员首先要镇静，不要乱走乱动，以防毒素扩散。

（2）咬伤大多在四肢，应迅速从伤口上端向下方反复挤出毒液，然后在伤口上方（近心端）用布带、草绳、手帕等扎紧，绑扎紧度要适当，以能阻断静脉血和淋巴液回流，而不妨碍动脉血的供应为限。

（3）用肥皂水冲洗伤口，清除附近残留的毒液，并再次自上而下排毒或用拔火罐、吸奶器等方法吸毒，毒液吸完之后，伤口处要采用湿敷，以利毒液继续流出。

（4）经现场救护后，应将伤员用救护车或抬送医院进行药物封闭及服药。如在现场将毒蛇打死，可将毒蛇一同送往医院，以供治疗参考。

（二）狗咬伤急救

狗咬伤后，首先应判别是疯狗咬伤还是一般狗咬伤，因为疯狗咬伤后会发生"狂犬病"，对人危害极大。

1. 疯狗的判断

疯狗表现为性情突变，狂躁易怒，无论昼夜均不安静，且头低、耳垂、张嘴、流涎、尾向下拖，直向前行，遇人乱咬。

2. 狂犬病的表现

当人被疯狗咬伤或抓伤后，病犬唾液中的病毒即从伤口进入人体，并侵入神经中枢。受伤后到发病的潜伏期长短不同，一般为2～16周，最长者可达数年之久，主要与病毒量、伤口深浅和伤口部位有关，故不能掉以轻心、麻痹大意，以为没事而放弃救治。疯狗咬伤症状表现为：

（1）咬伤一段时间后，原已痊愈的伤口又会有痛痒感或麻木感，全身疲乏无力、低热。

（2）两月后，病情加重，患者出现"恐水症"，即感觉很渴，但由于咽喉的疼痛性痉挛，不能吞咽，因此怕看见水，同时怕光、头痛、恶心、发热。

（3）病情发展，进而出现烦躁不安、全身痉挛、幻视、幻听，进一步可出现瘫痪、昏迷、呼吸和心力衰竭而死。

3. 现场急救

（1）立即用20％肥皂水充分冲洗伤口和伤口附近的唾液，然后再用清水反复冲洗，冲洗时间不得短于20～30min，并且一边冲洗，一边挤压出血，以利排毒。

（2）冲洗后，可用50％～70％酒精或烧酒涂擦，如无大出血者，不要立刻进行止血、包扎。

（3）现场处理后，立即送往医院进行狂犬病疫苗注射，这是唯一最可靠的、生命能得到保障的防治办法。只要怀疑咬人的狗有狂犬病，就应尽早进行预防注射，因为疫苗注射15天后即可在人体内产生自动免疫性，也就形成了抗毒素。注射时间及剂量应遵医嘱。

四、溺水急救

当人体坠落水中被淹没时，气管内吸入大量水分阻碍呼吸，或因喉头强烈痉挛，引起呼吸道关闭、窒息死亡。

当发生溺水事故后，要立即拨打120或附近医院的急诊电话请求医疗急救，并尽可能迅速地将溺水者救出水，以改善溺水者的呼吸功能并尽量减少缺氧时间，然后再进行一些必要的急救，只要及时抢救、方法得当，大多是能够转危为安的。急救的具体方法是：

（1）对于溺水者本人来说，尽量保持镇静，切勿恐慌，尽量自救。当头部在水面上时，要尽量后仰，脸向上，用嘴呼吸，尽量让鼻孔露出水面的机会多一些，以争取时间、等待救援。

（2）对于近岸淹溺者，如果仍在挣扎，救护者应迅速伏卧或站在岸边，用现场所能立即找到的绳子、救生圈、棍、棒、竹竿等，采取抛、拖、拉的办法，使溺水者自己用手抓住，救护者把他拽到岸上。拖、拉过程中，救护者一定要站立稳固，防止在匆忙中被拖落水。

（3）受过水中救护训练或自己确有能力者，可进入水中接近溺水者进行急救，

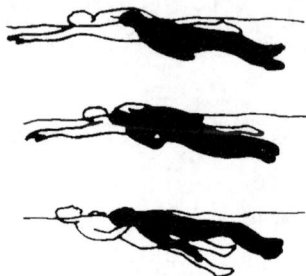

图 5-60　水中救护姿势

其方法是，救护者尽量脱去衣服和鞋袜，以减轻自己的负担，同时也可防止溺水者紧抓（衣服）不放；救护者应迅速游到溺水者的背后，用一只手拖住他的头部，或从他的背部托住腋窝，然后以仰泳的姿势将其拖到岸边（见图 5-60）。

（4）当溺水者抓住救护者的双手时，救护者双手可以向上向外翻，即可挣脱溺水者的纠缠，如图 5-61（a）所示；如被溺水者抱住身体，则可用手猛推其下颌，使其松手，如图 5-61（b）所示。

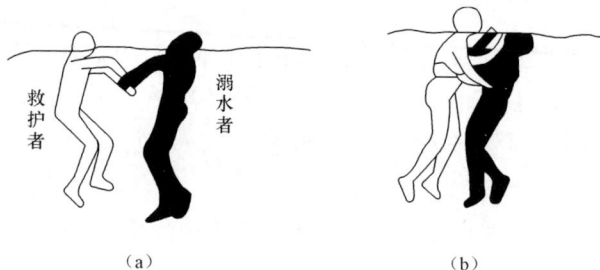

（a）　　　　　　　　　　　（b）

图 5-61　救护溺水者的自身保护
（a）抓住双手；（b）抱住身体

（5）当溺水者从水中救出后，应及时清除其口、鼻内的泥沙、杂草和分泌物（手指交叉法），摘下活动假牙，解开衣扣、腰带以保持气道通畅。

（6）迅速排除呼吸道及胃中积水的方法是，救护者一腿跪地，另一腿屈膝而立，使溺水者爬在救护人的膝盖上，使其头部下垂，按压其腹、背部，使积水排出，也可采用其他方法进行"控水"，如图 5-62 所示。根据实践经验和理论研究，溺水者吸入淡水后，吸收很快，只能倒出一部分水，所以，不要因倒水浪费时间而耽误心肺复苏的进行。

（7）如果溺水不重，溺水者尚有知觉时，可用手指或羽毛刺激其喉咙，促使他呕吐，然后让他喝少量浓茶、热汤。在冬季，应脱去湿衣，注意保暖，然后让其安静休养。

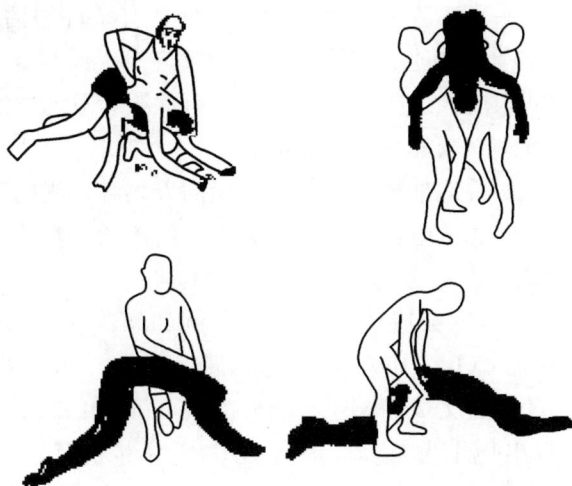

图 5 - 62　控水方法示意

（8）倒水后，溺水者仍失去知觉，心跳、呼吸停止时，应立即在岸边按心肺复苏法进行急救，送医院途中也要继续进行急救。

五、中暑急救

中暑常发生在高温和高湿环境中，对高温、高湿环境的适应能力不足是致病的主要原因。在气温大于 32℃、湿度大于 60％的环境中，由于长时间工作或强体力劳动，又无充分防暑降温措施时，极易发生中暑。此外，在室温较高、通气不良的环境中，年老体弱者、肥胖者、儿童及孕产妇耐热能力差，也易发生中暑。

中暑者一般表现为体温升高、乏力、眩晕、恶心、呕吐、头晕头痛、脉搏和呼吸加快，面红不出汗、皮肤干燥，重者出现高热、神志障碍、抽搐，甚至昏迷、猝死。

为了避免中暑，在高温天气，应做到：对年老体弱等重点人群应重点保护，营造一个舒适的环境，室内要通风，尽可能把室温降至 26℃～28℃，室内外温差在8℃以内。要保持情绪稳定，注意膳食的调配，饮食宜清淡，多饮水。提高对中暑先兆的认识，一旦出现头昏、头痛、口渴、出汗、全身疲乏、心慌等症状，应立即脱离中暑环境，及时采取纳凉措施。

急救方法：

（1）立即将病人移到通风、阴凉、干燥的地方，如走廊、树荫下。

（2）使病人仰卧，解开衣领，脱去或松开外套。若衣服被汗水湿透，应更换干衣服，同时开电扇或开空调（应避免直接吹风），以尽快散热。

（3）用湿毛巾冷敷头部、腋下以及腹股沟等处，有条件的话用温水擦拭全身，同时进行皮肤、肌肉按摩，加速血液循环，促进散热。

（4）意识清醒的病人或经过降温清醒的病人可饮服绿豆汤、淡盐水，或服用人丹、十滴水和藿香正气水（胶囊）等药品解暑。

（5）一旦出现高烧、昏迷抽搐等症状，应让病人侧卧，头向后仰，保持呼吸道通畅，同时立即拨打120急救电话，求助医务人员给予紧急救治。

六、有害气体中毒急救

吸入有毒、有害气体后会造成人体中毒，例如煤气中毒，煤气里含有多种气体，其中主要成分是 CO，CO 对人体的危害很严重。如果人体处在 CO 浓度为 0.05% 左右的空气中仅 2～3h，人体就会中毒；如果 CO 的浓度大于 0.06%，人体很快就出现中毒症状，甚至死亡。中毒原因是，当 CO 进入人体后，便与血红蛋白结合，这部分血红蛋白就不能从空气中吸收氧气，并妨碍其他血红蛋白释放氧供给组织，这时人体组织因缺少氧气而中毒，严重时因缺氧而窒息死亡。

1. 有害气体中毒程度

有害气体中毒常以急性中毒方式出现，临床上按其病情可分为轻、中、重度三级。

（1）轻度中毒。其症状为头晕、眼花、剧烈头痛、颈部有压迫感和搏动感，还有恶心、呕吐、心悸、四肢无力，但无昏迷。

（2）中度中毒。除上述症状外，还表现为初期多汗、烦躁、步态不稳、皮肤苍白、意识朦胧，甚至昏迷。

（3）重度中毒。患者迅速进入昏迷状态，时间可持续数小时至几昼夜，往往出现牙关紧闭、僵直性全身痉挛、大小便失禁等。

2. 中毒急救

当发现有人煤气中毒时，应尽快急救，急救方法如下：

（1）对于轻度中毒者，只要将其抬到空气新鲜、通风良好而又温暖的地方，休息一段时间，就会很快好转。

（2）对于中度中毒者，如昏迷时间不长，可将其抬到空气新鲜的地方进行抢救，一般数小时后也可恢复清醒，但仍可能有头痛、乏力、嗜睡现象等。经数日治疗、休息后可以恢复正常。

（3）对于重度中毒者，可将其抬到空气新鲜的地方进行抢救，并注意保暖和安静，呼吸、心跳停止者，可进行心肺复苏急救，并立即抬到医疗部门作进一步治疗。

思考与练习

一、简答题

1. 如何进行烧伤急救？

2. 如何进行冻伤急救？

3. 毒蛇、疯狗咬伤后如何急救？

4. 如何进行溺水急救？

5. 如何进行中暑急救？

6. 如何进行有害气体中毒急救？

附录一 变电站倒闸操作票格式

变 电 站 倒 闸 操 作 票

单位：＿＿＿＿＿＿＿＿   编号：＿＿＿＿＿＿

发令人：	受令人：	发令时间：＿＿＿年＿＿＿月＿＿＿日＿＿＿时＿＿＿分		
操作开始时间： ＿＿＿年＿＿＿月＿＿＿日＿＿＿时＿＿＿分		操作结束时间： ＿＿＿年＿＿＿月＿＿＿日＿＿＿时＿＿＿分		
（ ）监护下操作 （ ）单人操作 （ ）检修人员操作				
操作任务：				
顺 序	操 作 项 目		✓	时 间
备注：				
操作人： 监护人： 值班负责人（值长）：				

202

附录二 变电站（发电厂）第一种工作票格式

变电站第一种工作票

变电站名称：　　　　　　　　　　　　　　　　　　编号：＿＿＿＿＿＿

1	工作单位：＿＿＿＿＿		班组：＿＿＿＿＿	工作负责人（监护人）：＿＿＿＿＿	
2	工作班人员（不包括工作负责人）： 共＿＿人				
3	工作的变配电站名称及设备双重名称：				
4	工作 任务	工作地点及设备双重名称		工作内容	
5	计划工作时间：自＿＿＿年＿＿＿月＿＿＿日＿＿＿时＿＿＿分至＿＿＿年＿＿＿月＿＿＿日＿＿＿时＿＿＿分				

6	安 全 措 施					
	应拉断路器（开关）、隔离开关（刀闸）	已执行	应拉断路器（开关）、隔离开关（刀闸）	已执行	应拉断路器（开关）、隔离开关（刀闸）	已执行
	应装接地线、应合接地刀闸		已执行	应装接地线、应合接地刀闸		已执行
	备注：					
	应设遮栏、应挂标示牌及防止二次回路误碰等措施					已执行

续表

6	工作地点保留带电部分或注意事项（工作票签发人填写）：	补充工作地点保留带电部分和安全措施（工作许可人填写）：
	工作票签发人签名：_____ 签发日期：____年___月___日___时___分 工作负责人确认签名_____ 签发日期：____年___月___日___时___分	

7	收到工作票时间：____年___月___日___时___分　值班负责人签名：_____
8	确认本工作票1～7项：工作负责人签名：_____　　工作许可人签名：_____ 许可开始工作时间：____年___月___日___时___分
9	确认工作负责人布置的任务和本施工项目安全措施：工作班组人员签名：_____
10	工作负责人变动情况：原工作负责人_____离去，变更_____为工作负责人 工作票签发人_____　____年___月___日___时___分 工作人员变动情况（增添人员姓名、变动日期及时间）： 　　　　　　　　　　　　　　　　工作负责人签名：_____
11	工作票延期：有效期延长到　___年___月___日___时___分 工作负责人签名_____工作许可人签名_____　____年___月___日___时_____分

12	每日开工和收工时间（使用一天的工作票不必填写，无人值守站可以电话联系履行）										
	收工时间				工作负责人	工作许可人	开工时间				工作许可人	工作负责人
	月	日	时	分			月	日	时	分		

13	工作终结：全部工作于_____年_____月_____日_____时_____分结束，设备及安全措施已恢复至开工前状态，工作人员已全部撤离，现场已清理完毕。工作已结束。 工作负责人签名_____工作许可人签名_____　____年___月___日___时___分

续表

14	工作票终结：临时遮栏、标示牌已拆除，常设遮栏已恢复。未拆除或未拉开的接地线编号等共____组、接地刀闸（小车）共____副（台）、绝缘挡板（罩）共____块，已汇报调度值班员_____。 工作许可人签名_____　____年___月___日___时___分
15	备注： （1）指定专责监护人（签名）_____负责监护_____　（地点及具体工作） 　　　指定专责监护人（签名）_____负责监护_____　（地点及具体工作） （2）其他事项：_____ 　　　_____ 　　　_____ 　　　_____ 　　　_____

205

附录三　电力电缆第一种工作票格式

电力电缆第一种工作票

变电站名称：　　　　　　　　　　　　　　　　　　　编号：＿＿＿＿＿＿

1	工作单位：＿＿＿＿ 　班组：＿＿＿＿　工作负责人（监护人）：＿＿＿＿				
2	工作班人员（不包括工作负责人）： 　　　　　　　　　　　　　　　　　共＿＿人				
3	电力电缆双重名称：				
4	工作任务	工作地点或地段		工作内容	
5	计划工作时间：自 ＿＿年＿＿月＿＿日＿＿时＿＿分 至＿＿年＿＿月＿＿日＿＿时＿＿分				
6	安　全　措　施				

（1）应断开的设备名称

变配电站或线路名称	应断开关、刀闸、保险	执行人	已执行

（2）应合接地刀闸或应装接地线

应合接地刀闸或应装接地线、应装设绝缘挡板	接地线编号	执行人	应合接地刀闸或应装接地线、应装设绝缘挡板	接地线编号	执行人

备注：

（3）应设遮栏，应挂标示牌　　　　　　　　执行人

续表

6	（4）工作地点保留带电部分或注意事项（由工作票签发人填写）：	（5）补充工作地点保留带电部分和安全措施（由工作许可人填写）：
	工作票签发人签名：_____　签发日期：___年___月___日___时___分	
7	确认本工作票1～6项：　　　　　　　　　工作负责人签名：_____	
8	补充安全措施： 　　　　　　　　　　　　　　　　工作负责人签名：_____ 调度收到人签名：_____ 收到时间：___年___月___日___时___分	
9	工作许可： 　（1）在线路上的电缆工作：工作许可人_____用_____方式许可 自_____年___月___日___时___分起开始工作。工作负责人签名_____ 　（2）在变电站内的电缆工作：安全措施项所列措施中_____（变配电站/发电厂）部分已执行完毕。 工作许可时间 ___年___月___日___时___分。 工作许可人签名：_____工作负责人签名：_____	
10	确认工作负责人布置的任务和本施工项目安全措施。 　　　　　　　　　　　　　　工作班组人员签名：_____	

	每日开工和收工时间（使用一天的工作票不必填写，可以电话联系履行）									
11	收工时间				工作负责人	工作许可人	收工时间				工作许可人	工作负责人
	月	日	时	分			月	日	时	分		

12	工作票延期：有效期延长到 ___年___月___日___时___分 　工作负责人签名：_____工作许可人签名：_____　___年___月___日___时___分
13	工作负责人变动：原工作负责人_____离去，变更_____为工作负责人。 　工作票签发人：_____ ___年___月___日___时___分
14	工作人员变动情况（增添人员姓名、变动日期及时间）： 　　　　　　　　　工作负责人签名：_____

15	工作终结： （1）在线路上的电缆工作： 　工作人员已全部撤离，材料工具已清理完毕，工作终结；所装的工作接地线共＿＿组已全部拆除，于＿＿年＿＿月＿＿日＿＿时＿＿分工作负责人向工作许可人＿＿＿＿＿＿用＿＿方式汇报。　工作负责人签名：＿＿＿＿＿＿＿ （2）在变配电站或发电厂内的电缆工作： 　在＿＿＿＿＿＿＿＿（变配电站、发电厂）工作于＿＿＿年＿＿月＿＿日＿＿时＿＿分结束，设备及安全措施已恢复至开工前状态，工作人员已全部撤离，现场已清理完毕。 　工作许可人签名：＿＿＿＿＿＿＿＿　工作负责人签名：＿＿＿＿＿＿＿＿＿
16	工作票终结： 临时遮栏、标示牌已拆除，常设遮栏已恢复。 未拆除或未拉开的接地线（编号）＿＿＿ ＿＿＿ ＿＿＿ ＿＿＿ ＿＿＿ ＿＿＿等共＿＿＿＿组、接地刀闸（小车）共＿＿＿＿＿组（台）、绝缘挡板（罩）共＿＿＿＿＿＿块，已汇报调度值班员＿＿＿＿＿＿＿＿。　工作许可人签名：＿＿＿＿＿＿＿

17	备注： （1）指定专责监护人（签名）＿＿＿＿＿＿＿ 负责监护＿＿＿＿＿＿＿＿＿＿＿＿＿＿＿＿＿＿＿＿＿＿＿ ＿＿＿＿＿＿＿＿＿（地点及具体工作） （2）其他事项：＿＿＿＿＿＿＿＿＿＿＿＿＿ ＿＿＿＿＿＿＿＿＿＿＿＿＿＿＿＿＿＿＿＿＿＿＿＿＿ ＿＿＿＿＿＿＿＿＿＿＿＿＿＿＿＿＿＿＿＿＿＿＿＿＿ ＿＿＿＿＿＿＿＿＿＿＿＿＿＿＿＿＿＿＿＿＿＿＿＿＿ ＿＿＿＿＿＿＿＿＿＿＿＿＿＿＿＿＿＿＿＿＿＿＿＿＿		（3）附图：

附录四　变电站第二种工作票格式

变电站第二种工作票

变电站名称：　　　　　　　　　　　　　　　　　　　　编号：_____

1	工作单位：_____　　班组：_____　　工作负责人（监护人）：_____
2	工作班人员（不包括工作负责人）： 　　　　　　　　　　　　　　　　　　　　　　　　　　共___人
3	工作的变配电站名称及设备双重名称：

	工 作 任 务	
4	工作地点及设备双重名称	工作内容

5	计划工作时间：自 ___年___月___日___时___分至_____年___月___日___时___分
6	工作条件（停电或不停电，或邻近及保留带电设备名称）：
7	注意事项（安全措施）： 工作票签发人签名：_____　　签发日期：___年___月___日___时___分 工作票负责人确认签名：_____　　日　期：___年___月___日___时___分
8	补充安全措施（工作许可人填写）：
9	确认本工作票1~8项：许可工作时间：___年___月___日___时___分 工作负责人签名：_____　　工作许可人签名：_____
10	确认工作负责人布置的任务和本施工项目安全措施： 　　　　　　　　　　　　　　　　工作班组人员签名：_____

11	工作票延期：有效期延长到　___年___月___日___时___分 工作负责人签名：_____　___年___月___日___时___分 工作许可人签名：_____　___年___月___日___时___分
12	工作票终结： 　全部工作于___年___月___日___时___分结束，工作人员已全部撤离，现场已清理完毕。 　工作负责人签名：_____　___年___月___日___时___分 　工作许可人签名：_____　___年___月___日___时___分
13	备注：

附录五　电力电缆第二种工作票格式

电力电缆第二种工作票

单位：_____　　　　　　　　　　　　　　　　　编号：_____

1	工作单位：_____　　　班组：_____　　　工作负责人（监护人）：_____
2	工作班人员（不包括工作负责人）： 共___人

3	工　作　任　务		
	电力电缆双重名称	工作地点或地段	工作内容

4	计划工作时间：自 ___年___月___日___时___分 至 ___年___月___日___时___分
5	工作条件和安全措施： 工作票签发人签名：_____　　签发日期：___年___月___日___时___分
6	确认本工作票1～5项内容：　　工作负责人签名：_____ 调度收到人签名：_____　　　收到日期：___年___月___日___时___分
7	补充安全措施（工作许可人填写）
8	工作许可： （1）在线路上的电缆工作： 工作开始时间___年___月___日___时___分。 　　　　　　　　　　　　　　　　　　　工作负责人签名：_____ （2）在变电站内的电缆工作： 安全措施项所列措施中_____（变配电站）部分，已执行完毕。 许可自_____年_____月_____日_____时_____分起开始工作。 工作许可人签名：_____工作负责人签名：_____
9	确认工作负责人布置的任务和本施工项目安全措施。 　　　　　　　　　　　　　　　工作班组人员签名：_____

10	工作票延期： 有效期延长到 ____年____月____日____时____分 工作负责人签名：_____ 工作许可人签名：_____ ____年____月____日____时____分
11	工作负责人变动情况： 原工作负责人_____离去，变更_____为工作负责人。 工作票签发人：_____ ____年____月____日____时____分
12	工作票终结： (1) 在线路上的电缆工作： 工作结束时间____年____月____日____时____分 工作负责人签名：_____ (2) 在变配电站内的电缆工作： _____（变配电站）工作于____年____月____日____时____分结束，工作人员已全部退出，现场已清理完毕。 工作许可人签名：_____ 工作负责人签名：_____
13	备注：

附录六　变电站带电作业工作票格式

变电站带电作业工作票

变电站名称：　　　　　　　　　　　　　　　　　　　编号：＿＿＿＿＿＿

1	工作单位：＿＿＿＿　　　班组：＿＿＿＿　　　工作负责人（监护人）：＿＿＿＿			
2	工作班人员（不包括工作负责人）： 　　　　　　　　　　　　　　　　　　　　　　　共＿＿人			
3	工作的变配电站名称及设备双重名称：			
4	工　作　任　务			
	工作地点或地段		工作内容	
5	计划工作时间：自＿＿＿＿年＿＿月＿＿日＿＿时＿＿分 至＿＿年＿＿月＿＿日 ＿＿时＿＿分			
6	工作条件（等电位、中间电位或地电位作业，或邻近带电设备名称）：			
7	注意事项（安全措施） 工作票签发人签名：＿＿＿＿＿＿ 签发时间：＿＿年＿＿月＿＿日＿＿时＿＿分			
8	确认本工作票1～7项内容：＿＿＿＿　　　工作负责人签名＿＿＿＿＿＿			
9	指定＿＿＿＿＿＿为专责监护人　　　专责监护人签名：＿＿＿＿＿＿			
10	补充安全措施（工作许可人填写）：			

续表

11	许可工作时间：___年___月___日___时___分 工作许可人签名：_____　　　　　　　工作负责人签名：_____
12	确认工作负责人布置的任务和本施工项目安全措施。 　　　　　　　　　　　　　　　　工作班组人员签名：_____
13	工作票终结：全部工作于___年___月___日___时___分结束，工作人员已全部撤离，现场已清理完毕。 工作负责人签名：_____　　　　　　　工作许可人签名：_____
14	备注：

附录七 事故应急抢修单格式

事故应急抢修单

单位：   编号：＿＿＿＿＿

1	抢修工作负责人（监护人）：＿＿＿＿＿ 班组：＿＿＿＿＿
2	工作班人员（不包括工作负责人）： 共＿＿人
3	抢修任务：
4	安全措施：
5	抢修地点保留带电部分或注意事项：
6	上述1～5项由抢修工作负责人＿＿＿＿根据抢修任务布置人＿＿＿＿的布置填写
7	经现场勘察需补充下列安全措施： 经许可人（调度/运行人员）＿＿＿＿同意（＿＿月＿＿日＿＿时＿＿分）后，已执行
8	许可抢修时间：＿＿年＿＿月＿＿日＿＿时＿＿分 许可人（调度/运行人员）签名：＿＿＿＿＿
9	抢修结束汇报： 本抢修工作于＿＿年＿＿月＿＿日＿＿时＿＿分结束。 现场设备状况及保留安全措施： 抢修班人员已全部撤离，材料工具已清理完毕，事故应急抢修单已结束。 抢修工作负责人：＿＿＿＿＿ 许可人（调度/运行人员）：＿＿＿＿＿ 填写时间：＿＿年＿＿月＿＿日＿＿时＿＿分
10	备注：

附录八 二次工作安全措施票格式

二次工作安全措施票

编号：_____

被试设备名称：			

工作负责人：_____	工作时间：_____月_____日	签发人：_____

工作内容：

工作条件：

安全措施：包括应打开及恢复连接片、直流线、交流线、信号线、控制字、联锁线和联锁开关等，按工作顺序填用安全措施

序　号	执　行	安全措施内容	恢　复

执行人：　　　　　监护人：　　　　　恢复人：　　　　　监护人：

附录九 电力线路第一种工作票格式

电力线路第一种工作票

许可编号：_____　　　　　　　　　　　　　　检修编号：_____

1	工作单位：_____　　班组：_____　　工作负责人（监护人）：_____							
2	工作班人员（不包括工作负责人）： 共___人							
3	工作的线路或设备双重名称（多回路应注明双重称号）							
4	工作任务	工作地点或地段 （注明分支、支线路名称、线路的起止杆号）						工作内容
5	计划工作时间：自___年___月___日___时___分 至___年___月___日___时___分							
6	安全措施	6.1 应该为检修状态的线路间隔名称和应拉开的断路器、隔离开关、熔断器：					执行人	
		6.2 配合停电线路：					执行人	
		6.3 保留或邻近的带电线路、设备：				6.4 其他安全措施和注意事项：		
		6.5 应挂的地线	线路名称及杆号	接地线编号	线路名称及杆号	接地线编号	线路名称及杆号	接地线编号
	工作票签发人签名：_____ 签发日期：___年___月___日___时___分 工作负责人确认：_____　　　　　　　　___年___月___日___时___分							

217

续表

7	调度收到人签名：_____ 收到日期____年____月____日____时____分			
	认本工作票1~6项，许可工作开始	许可方式	许可人	工作负责人	许可工作的时间
8	确认工作负责人布置的任务和本施工项目安全措施。工作班组人员签名：				
9	工作负责人变动情况：原工作负责人_____离去，变更_____为工作负责人。 工作票签发人：_____ ____年___月___日___时___分 工作人员变动情况（增添人员姓名、变动日期及时间）： 工作负责人签名：_____				
10	工作票延期：有效期延长到 ____年___月___日___时___分 工作负责人签名：_____ 工作许可人签名：_____ ____年___月___日___时___分				

11	工作票终结	11.1 现场所挂的接地线编号_____共____组，已全部拆除、带回。			
		11.2 工作终结报告	终结报告的方式	许可人	工作负责人	终结报告时间

12	备注：（1）指定专责监护人（签名）_____ 负责监护_____ （2）其他事项： _____ _____ _____ _____	（3）附图：

附录十　电力线路第二种工作票格式

电力线路第二种工作票

许可编号：　　　　　　　　　　　　　　　　　　　　　　　检修编号：

1	工作单位：_____　　　　班组：_____　　　　工作负责人（监护人）：_____		
2	工作班人员（不包括工作负责人）： 共___人		
3	工作任务	线路或设备名称	工作地点、范围	工作内容
4	计划工作时间：自_____年___月___日___时___分 至_____年___月___日___时___分		
5	注意事项（安全措施）： 工作票签发人签名：_____　签发时间：_____年___月___日___时___分 工作负责人签名：_____　时间：_____年___月___日___时___分 调度收到人签名：_____　收到时间：_____年___月___日___时___分		
6	确认工作负责人布置的任务和本施工项目安全措施。 工作班组人员签名：_____		
7	工作开始时间：___年___月___日___时___分　工作负责人签名：_____ 工作完工时间：___年___月___日___时___分 以_____方式汇报当值调度_____　工作负责人签名：_____		
8	备注：		

附录十一　电力线路带电作业工作票格式

电力线路带电作业工作票

许可编号：_____　　　　　　　　　　　　　　检修编号：_____

1	工作单位：_____　　班组：_____　　工作负责人（监护人）：_____
2	工作班人员（不包括工作负责人）： 共___人

3		线路或设备名称	工作地点、范围	工 作 内 容
	工作 任务			

4	计划工作时间：自___年___月___日___时___分至___年___月___日___时___分
5	停用重合闸线路（应写双重名称）：
6	工作条件（等电位、中间电位或地电位作业，或邻近带电设备名称）：
7	注意事项（安全措施）： 工作票签发人签名：_____　　签发日期：___年___月___日___时___分
8	确认本工作票1～7项内容：_____　　　工作负责人签名：_____
9	补充安全措施（工作许可人填写）：
10	工作许可： 调度许可人（联系人）：_____许可工作的时间：___年___月___日___时___分　工作负责人签名：_____
11	指定_____为专责监护人　专责监护人签名：_____

12	确认工作负责人布置的任务和本施工项目安全措施。 工作班组人员签名：_____
13	工作终结：以_____方式汇报当值调度许可人_____ 工作负责人签名：_____　___年___月___日___时___分
14	备注：

附录十二　电力线路倒闸操作票格式

电力线路倒闸操作票

单位：＿＿＿＿　　　　　　　　　　　　　　　　　　　编号：＿＿＿＿＿

发令人：	受令人：	发令时间：＿＿年＿＿月＿＿日＿＿时＿＿分		
操作开始时间： ＿＿年＿＿月＿＿日＿＿时＿＿分		操作结束时间： ＿＿年＿＿月＿＿日＿＿时＿＿分		
操作任务：				
顺　序	操　作　项　目		✓	时　间
备注：				
操作人：　　　　　　　　　　　　　　　　　　　　监护人：				

附录十三　标示牌式样

名　称	悬　挂　处	式　样		
		尺寸（mm）	颜　色	字样
禁止合闸，有人工作！	一经合闸即可送电到施式设备的断路器（开关）和隔离开关（刀闸）操作把手上	200×160和80×65	白底，红色圆形斜杠，黑色禁止标志符号	黑字
禁止合闸，线路有人工作！	线路断路器（开关）和隔离开关（刀闸）把手上	200×160和80×65	白底，红色圆形斜杠，黑色禁止标志符号	黑字
禁止分闸！	接地刀闸与检修设备之间的断路器（开关）操作把手上	200×160和80×65	白底，红色圆形斜杠，黑色禁止标志符号	黑字
在此工作！	工作地点或检修设备上	250×250和80×80	衬底为绿色，中有直径200mm和65mm白圆圈	黑字，写于白圆圈中
止步，高压危险！	施工地点临近带电设备的遮栏上；室外工作地点的围栏上；禁止通行的过道上；高压试验地点；室外构架上；工作地点临近带电设备的横梁上	300×240和200×160	白底，黑色正三角形及标志符号，衬底为黄色	黑字
从此上下！	工作人员可以上下的铁架、爬梯上	250×250	衬底为绿色，中有直径200mm白圆圈	黑字，写于白圆圈中
从此进出！	室外工作地点围栏的出入口处	250×250	衬底为绿色，中有直径200mm白圆圈	黑体黑字，写于白圆圈中
禁止攀登，高压危险！	高压配电装置构架的爬梯上，变压器、电抗器等设备的爬梯上	500×400和200×160	白底，红色圆形斜杠，黑色禁止标志符号	黑字

参 考 文 献

[1] 国家电网公司. 电业安全工作规程（发电厂和变电所电气部分）. 北京：中国电力出版社，2005 年

[2] 国家电网公司. 电业安全工作规程（电力线路部分）. 北京：中国电力出版社，2005 年

[3] 国家电网公司. 国家电网公司安全工器具管理规定. 北京：中国电力出版社，2005 年

[4] 瞿彩萍主编. 电气安全事故分析及其防范. 北京：机械工业出版社，2007 年

[5] 袁周、黄志坚编著. 电力生产事故的人因分析及预防. 北京：中国电力出版社，2004 年

[6] 樊祥荣主编. 电力安全生产基础知识. 北京：中国电力出版社，1999 年

[7] 胡毅主编. 送变电带电作业技术. 北京：中国电力出版社，2004 年

[8] 胡毅主编. 配电线路带电作业技术. 北京：中国电力出版社，2004 年

[9] 郎永强. 电气接地、接零安全安装方法与技巧. 北京：机械工业出版社，2007 年

[10] 孟祥泽、王正志编. 电力建设安全工作技术问答丛书（变电所部分）. 北京：中国电力出版社. 2005 年

[11] 刘志亮主编. 反习惯性违章学习手册. 北京：中国电力出版社，2006 年

[12] 湖南省老科技工作者协会电力分会编. 防止电力生产重大事故的要求与措施（综合部分）. 北京：中国电力出版社，2004 年

[13] 时守仁. 电业火灾与防火防爆. 北京：中国电力出版社，2000 年

[14] 赵文中主编. 高电压技术. 北京：中国电力出版社，1985 年

[15] 张力主编. 高电压技术. 北京：中国电力出版社，1999 年

[16] 潘龙德主编. 电业安全（发电厂和变电所电气部分）. 北京：中国电力出版社，2003 年